# 现代电路技术实践教程

舒 洪 主 编
吴彩虹 戴伟华 副主编

北京邮电大学出版社
·北京·

## 内 容 简 介

本书为适应我国高等工程教育与教学改革的形势,根据教学的要求,着重强调了实验环节的重要性,增加了综合设计性实验内容,突出能力的培养和技能的训练。本书侧重于基本技能的训练、各种电路的测量方法和实践经验的积累。系统地介绍了实验室各种仪器仪表的性能指标、使用方法,各种常用元器件的性能及识别方法,以及生产生活中的安全用电等。对学生的技能训练还提出了具体的要求。本书的实验内容包括电路、机电控制及综合设计性实验三大部分,全方位地训练了学生独立工作的能力和工程意识。

### 图书在版编目(CIP)数据

现代电路技术实践教程/舒洪主编. —北京:北京邮电大学出版社,2007(2019.7 重印)
ISBN 978-7-5635-1477-9

Ⅰ.现… Ⅱ.舒… Ⅲ.电路—高等学校—教材 Ⅳ.TM13

中国版本图书馆 CIP 数据核字(2007)第 116566 号

| | |
|---|---|
| 书　　名：| 现代电路技术实践教程 |
| 主　　编：| 舒　洪 |
| 副 主 编：| 吴彩虹　戴伟华 |
| 责任编辑：| 张珊珊 |
| 出版发行：| 北京邮电大学出版社 |
| 社　　址：| 北京市海淀区西土城路 10 号(邮编:100876) |
| 发 行 部：| 电话:010-62282185　传真:010-62283578 |
| E-mail：| publish@bupt.edu.cn |
| 经　　销：| 各地新华书店 |
| 印　　刷：| 北京玺诚印务有限公司 |
| 开　　本：| 787 mm×960 mm　1/16 |
| 印　　张：| 7.5 |
| 字　　数：| 162 千字 |
| 版　　次：| 2007 年 8 月第 1 版　2019 年 7 月第 6 次印刷 |

ISBN 978-7-5635-1477-9　　　　　　　　　　　　　　　定　价:18.00 元

・如有印装质量问题,请与北京邮电大学出版社发行部联系・

# 前　言

  本书是根据教学大纲的要求，并结合现有实验设备的条件编写的。本书在教学基本要求中强调了实验环节的重要性，并且根据现有条件增加了综合性、设计性的实验内容。指出了实验是本课程重要的实践性教学环节，实验的目的不仅是要帮助学生巩固和加深理解所学的理论知识，更重要的是要训练他们的实验技能和严谨的科学作风，使学生能独立进行实验。在教学基本要求中，对于学生的实验技能训练还提出了如下的具体要求：

  (1) 能使用常用的电工仪表、仪器及电工设备；

  (2) 能使用常用的电子仪器；

  (3) 能按电路图接线、查线和排除简单的线路故障；

  (4) 学习查阅手册，对常用的电路元件和半导体器件具有使用的基本知识；

  (5) 能进行实验操作、读取数据、观察实验现象和测绘波形曲线；

  (6) 能整理分析实验数据、绘制曲线，并写出整洁、条理清楚、内容完整的实验报告。

  本书以动手实验内容为主，包括电路电机控制及综合设计性实验三大部分，总共22个实验，本书是一个电类及非电类专业学生使用的基本实验教材，其目的是对学生进行规范化的实验能力训练及独立工作能力的培养，同时又要求学生掌握必要的实验基础知识。

  本书是在南昌大学信息工程学院电工电子中心电路教研室的老师们多年实验、教学经验的基础上组织编写的。本书由舒洪主编并对全书进行统稿。全书共分8章，第1章由朱敏编写，第2、8章由舒洪编写，第3章由戴伟华编写，第4、5章由吴彩虹编写，第6、7章由黎晓贞编写，全书由何俊审稿，插图由张严绘制。

  由于我们的水平有限，所编教材中难免存在不足之处，衷心希望使用本教材的师生给予批评、指正。

编　者

# 目　　录

绪　　论 …………………………………………………………………………………… 1

## 第1章　直流电路测试技术

1.1　元件的伏安特性 ……………………………………………………………… 5
1.2　负载获得最大功率 ……………………………………………………………… 6
1.3　基尔霍夫定律 …………………………………………………………………… 8
1.4　戴维南定理 ……………………………………………………………………… 10
1.5　叠加原理 ………………………………………………………………………… 11

## 第2章　正弦稳态电路测试技术

2.1　交流电路的基本量测量 ………………………………………………………… 14
2.2　功率因数的提高 ………………………………………………………………… 17
2.3　三相电路电压与电流测量 ……………………………………………………… 19
2.4　三相功率的测量 ………………………………………………………………… 22
2.5　非正弦电路 ……………………………………………………………………… 24
2.6　单相变压器 ……………………………………………………………………… 27
2.7　鼠笼式三相异步电动机 ………………………………………………………… 30
2.8　异步电动机有联锁的正、反转控制线路 ……………………………………… 33
2.9　按顺序启动的异步电动机控制电路 …………………………………………… 36

## 第3章　动态电路测试技术

3.1　一阶网络的零状态响应及零输入响应 ………………………………………… 38
3.2　二阶网络方波响应的研究 ……………………………………………………… 40
3.3　$R$、$L$、$C$串联电压谐振电路 ……………………………………………………… 42
3.4　受控源 …………………………………………………………………………… 45

## 第4章　综合设计性实验测试技术

4.1　移相器的设计与测试 …………………………………………………………… 49

4.2 波形变换器的设计与测试……………………………………………………… 51
  4.3 万用表的设计与测量…………………………………………………………… 54
  4.4 循环灯电路的制作与调试……………………………………………………… 56

## 第 5 章 元件的识别
  5.1 电阻器…………………………………………………………………………… 58
  5.2 电位器…………………………………………………………………………… 60
  5.3 电容器…………………………………………………………………………… 61
  5.4 电感器…………………………………………………………………………… 63
  5.5 二极管…………………………………………………………………………… 65
  5.6 晶体三极管……………………………………………………………………… 67

## 第 6 章 测量仪表
  6.1 电测量指示仪表的基本知识…………………………………………………… 71
  6.2 磁电系仪表……………………………………………………………………… 76
  6.3 万用表…………………………………………………………………………… 81
  6.4 电磁系仪表……………………………………………………………………… 85
  6.5 电动系仪表……………………………………………………………………… 87
  6.6 机电式电测量仪表的选用……………………………………………………… 90

## 第 7 章 常用电子仪器及其使用方法
  7.1 直流稳压电源…………………………………………………………………… 92
  7.2 交流毫伏表……………………………………………………………………… 94
  7.3 信号发生器……………………………………………………………………… 96
  7.4 示波器…………………………………………………………………………… 99

## 第 8 章 安全用电
  8.1 用电环境的安全知识…………………………………………………………… 107
  8.2 静电保护………………………………………………………………………… 110
  8.3 电流对人体的作用和伤害程度………………………………………………… 111
  复习思考题………………………………………………………………………… 112

参考文献……………………………………………………………………………… 113

# 绪　　论

**1. 实验的重要性**

实验是人们认识自然、设计制造和进行科学研究工作的重要手段,一切真知都是来源于实践,同时又通过时间来检验其正确性,实验就是一种重要的实践方式。

从 20 世纪 50 年代初期出现半导体晶体管,一直到 60 年代出现半导体集成电路,直至今日超大规模集成电路的普遍使用都反映了半导体技术、微电子技术的飞速发展。目前由于各种电力电子器件的出现,并且在各种电源变换装置中广泛地采用电子器件,使得电子技术不仅在计算机、通信、信号测量与变换等领域中占主导地位,而且在电力系统、工业控制系统中亦得到广泛的应用。以上这些成就都是由无数的科学家、工程技术人员在实验中取得的。无论是电工技术或者电子技术的发展,或是一个新概念、新理论的建立,一项新产品的开发成功,一种新方法的应用与推广,都离不开实验的研究与检验,并通过实验进一步完善。

实验在电工技术与电子技术中的重要意义还在于:实验是观察与感知电现象与电路中物理过程的重要手段。电现象及电路中的物理过程并不是直观的,电压的变化、电流的流动都是看不见、摸不到的,只有通过检测仪表间接地观察;而且电压、电流瞬息万变,观察的时效性很强,只有熟悉电工仪表、电子仪器的使用,掌握正确的测试方法,了解电路中电压与电流变化的基本规律,才能对所设计的电路或装置进行研究和测试。

掌握电工及电子实验的基本手段是工科大学的教学要求之一,为了实现这一目标,加强实验动手能力的培养,目前已经把电工及电子实验单独设课,单独考试及记分,以引起教师、学生对实验环节的重视。

**2. 电工及电子实验课的任务**

在现代科学技术及工程建设中,电工技术及电子技术的应用可以说是随处可见,非电类专业的学生同样要掌握现代电工技术及电子技术的基础知识及基本实验技能。在教学学时缩减、教学内容更新的情况下,更增加了完成教学要求的难度。

(1) 对学生实验技术训练的具体要求

① 能正确使用常用的电工仪表及电工设备。常用电工仪表是指直流电流表或电压表、交流电流表或电压表、功率表、万用表、数字万用表、兆欧表等。正确使用是指要了解仪表的工作原理及使用场合,了解仪表的准确度等级,掌握仪表的正确读数方法(如量程选择、分度值、避免读数误差方法)。常用电工设备是指单相变压器、接触式调压变压器、

三相异步电工机、日光灯、小型直流并励电动机、常用控制电器(如空气开关、接触器、热继电器、按钮)、变频调速器等。正确使用是指了解电工设备的工作原理及使用场合,掌握电工设备的正确接线方法及正确的操作方法。

② 会用常用的电子仪器。常用电子仪器是指直流稳压电源、双线通用示波器、晶体管毫伏表(单路、双路)、正弦波信号发生器、函数发生器、数字频率计。正确使用是指要了解仪器的组成及功能,了解仪器的主要技术性能,掌握仪器的正确接线方法、主要操作旋钮及操作开关的功能及正确调节方法、正确观察及读数方法。

③ 能按电路图接线、查找和排除简单的线路故障。要求具有熟练的接线能力,默记简单的电路图,能判别电路的正常工作状态及故障现象,能够检查线路中的断线及接触不良,特别是不能因接线错误而出现短路。了解实验接线板的功能及接线要求,能够正确地把仪器、仪表接入接线板。

④ 会使用半导体二极管、三极管、集成电路运算放大器、集成稳压器及主要的数字集成电路(如门电路、触发器、寄存器、计数器、译码器)。要求能够判别二极管的特性、识别三极管、集成电路的管脚,了解所用集成电路的功能及典型接线方法,了解集成电路的主要工作电压范围。

⑤ 能进行实验操作,读取数据,观察实验现象和测绘波形曲线。

⑥ 能整理分析实验数据,绘制曲线,并写出整洁、条理清楚、内容完整的实验报告。

(2) 对实验基础知识及实验内容的要求

① 电路部分。通过电路实验应掌握电路基本物理量的测量方法,电信号波形参数的测量方法,掌握电路的基本规律。掌握交流电能传输电路的基本构成及电路特性,掌握RC电路的频率特性和暂态特性的测量方法。电路实验中必做的实验为直流网络定理、单相交流电路、三相交流电路、RC电路的暂态响应及其应用等。

② 电机及控制部分。本部分实验内容侧重在控制,通过实验应掌握单相变压器的基本性能,掌握三相异步电动机的常用控制方法,了解直流并励电动机的接线和操作。

③ 模拟电子技术部分。本部分实验内容要求学生熟悉基本模拟电子器件,掌握其基本性能及使用方法。实验中涉及的电子器件有晶体三极管、稳压二极管、集成运算放大器等。模拟电子技术实验中必做的实验为单管电压放大电路的测试、集成运算放大器的基本运算电路、集成电压比较器、直流稳压电源等。

④ 数字电子技术部分。本部分实验内容系统地反映了数字电路的各个典型环节及其应用,要求学生掌握其中的基本内容,即基本逻辑门的逻辑功能、集成触发器的逻辑功能,熟悉常用的组合逻辑电路及计数、译码显示电路的构成,了解集成定时器、数/模转换器及模/数转换器的功能及应用。数字电子技术实验中必做的实验为集成逻辑门电路、组合逻辑电路、集成触发器、集成计数器及译码显示电路等。

### 3. 实验课的进行方式

（1）实验课的预习

学生应认真阅读实验教材,熟悉实验接线图及操作步骤,拟好实验数据及实验结果记录表格,做好充分的预习。

在实验课开始时指导教师应在实验内容、实验接线图、主要操作步骤、实验注意事项等方面检查学生的预习情况。

（2）熟悉设备与接线

教师讲解以后,学生首先检查所用仪器设备是否齐全,并记录其型号规格,然后再熟悉第一次使用的仪器设备的接线端、刻度、各旋钮位置及作用、电源开关的位置、仪表量程变换的方法、接线端极性标志等。

接线前应根据实验线路合理布置仪表及实验器材,以便于接线、读数及操作,并做到整齐美观。布置仪表时应避免电感线圈过于靠近电表而造成读数不准。

接线时应注意选择适当长度和线径的导线,不要选用过长和过细的导线,并注意检查导线与接线叉、香蕉插头或鳄鱼夹是否已连接好。接线柱要旋紧,插头要插准、插紧,不要把几根导线都接到一个接线端上。

电子仪器的输入/输出信号线一律用屏蔽电缆线,其芯线接红色鳄鱼夹表示信号接线端,其屏蔽层接黑色鳄鱼夹表示信号接地端。电子仪器的接地端应连在一起形成公共接地点,以避免引入干扰信号。

学生在预习的基础上应逐步培养默记线路图、熟练地按图接线及查线的能力,养成按回路依次接线的习惯,在有串/并联电路的场合,应先接串联回路再接并联回路。

接线完成后应按图找线,最好与相邻的同学交换检查,这样容易查出接线错误。

在改接线路时应事先考虑如何改接,力求改动量最小,避免全部拆开重接,也应该注意避免因该拆的线没有拆去而造成短路事故。

（3）通电操作及读数

接线完成经检查无误后,再检查仪表的零位、电子仪器各旋钮的位置、接触式调压变压器的零位、滑线变阻器电刷的位置、稳压电源输出电压的挡级位置是否正常,以避免通电瞬间发生事故。

线路及仪表设备检查通过后才能通电,通电时操作者必须密切注意线路的工作状态变化,若有异常应立即断开电源,检查原因。

在正常情况下就可以根据实验要求进行操作、观察和读数,仪表读数时应弄清仪表的量程及每一格所代表的数值,注意仪表应按规定位置(水平或垂直)放置,注意指针应与表面镜子中的影子重合,以避免读数产生视差。仪表读数的位数根据仪表精度确定,对于0.5级仪表,其最大相对误差是量程的±0.5%,其读数精度为量程(亦应为量程)的±1/200,故低于量程1/200的尾数是无效的。

实验完成后应对实验数据进行估算,以检查数据是否正确,实验结果是否合理。若发现错误,可以立即重新测定,只有在确认实验结果正确合理时,才能断开电源,拆除线路。

(4) 整理实验结果与编写实验报告

实验报告应每人写一份,其目的是培养学生对实验结果的处理和分析能力、文字表达能力及严谨的科学作风。实验报告应包括实验目的、仪器设备、实验内容及线路图、实验数据记录及整理结果、对实验现象及结果的分析讨论、实验的收获和体会、意见建议等。

### 4. 实验中的安全操作

一般情况下,80~90 V 的交流或直流电压作用于人体就会有生命危险,因此在直接采用市电电源的电路实验及电机实验中,要始终注意安全用电。在实验操作中应注意以下各点。

(1) 在电路通电时,手不能触及电路中的带电部位,如不绝缘的金属导线或连接点。只有在切断电源后才能拆线或改接电路,拆线时应首先拆除电源线。

(2) 接通电源应该在指导教师检查接线后允许通电时进行,电路改接后亦应经指导教师同意才能通电。

(3) 接通电源必须通知同组同学,防止触电。

(4) 电路的接线要整理好,防止钩住电机转轴、衣扣或其他移动物品而发生事故。

(5) 不能用电流表及万用表的电阻档或电流挡去测量电压,也不允许把功率表的电流线并联在电路中。

(6) 电动机转轴转动时,应防止其他物品卷入,特别要防止手套、围巾及头发等卷入轴内。禁止用手或脚压住转轴使电机制动。用手持式转速表测速时,也应特别小心。

(7) 所有接线的连接应十分牢固,防止实验过程中线头拉脱造成碰线短路或触电事故,或因直流并励电流机励磁线圈断开造成飞车事故。

(8) 电烙铁在使用时应妥善放在散热支架上,周围不能有塑料制品及易燃物品,不能把电烙铁平放在木制桌面上,以防止烫坏物品或引起燃烧。

(9) 在规定需要接地的场合,必须妥善接地。在不能接地的地方,不允许接地线。特别是在用带有三眼插头的示波器观测交流电路中的波形时,示波器地线(信号接地端)绝不能接电源的相线端,否则会造成电源短路。若要把相线电路内的信号接入示波器观察时,必须把三眼插头内的地线拆断,此时示波器的金属外壳将会带电,操作时不能触及其金属外壳,并将示波器的外壳与其他金属物品隔开,最好养成用右手进行单手操作的习惯,并注意人体与地的绝缘,避免发生触电事故。

# 第 1 章　直流电路测试技术

## 1.1　元件的伏安特性

### 1.1.1　实验目的

了解线性电阻元件和非线性电阻元件的伏安特性及其测量方法。

### 1.1.2　原理说明

对于线性电阻元件,其电压、电流关系可以用欧姆定律 $R = U/I$ 来描述。电阻 $R$ 与电流电压的大小和方向关系具有双向特性,它的伏安特性曲线是一条通过原点的直线,直线的斜率就是电阻的阻值 $R$。

非线性电阻元件的电压、电流关系不能用欧姆定律来表示,它的伏安特性一般为曲线。图 1.1.1 绘出了钨丝灯泡、二极管及电阻的伏安特性曲线。

钨丝灯泡的伏安特性曲线相对原点是对称的,它具有明显的方向性。

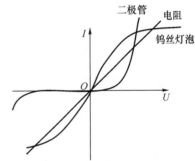

图 1.1.1　伏安特性曲线图

### 1.1.3　实验内容

按图 1.1.2 接线,分别测定线性电阻、小电珠和晶体二极管的正、反向伏安特性,图中 $R$(瓷盘电阻,作分压器用)为 600 W、200 Ω,a、b 两端分别接被测元件,电源用直流稳压电源,对晶体二极管应先用万用表判定它的正、反方向,然后将被测元件的电流和电压记录在表 1.1.1 中。

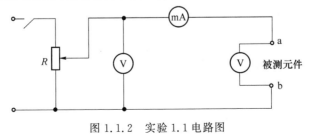

图 1.1.2　实验 1.1 电路图

表 1.1.1 被测元件电流、电压结果记录表

| | | | | | | | |
|---|---|---|---|---|---|---|---|
| 正向 | $U/V$ | | | | | | |
| | $I/mA$ | | | | | | |
| 反向 | $U/V$ | | | | | | |
| | $I/mA$ | | | | | | |

### 1.1.4 仪器设备

| 名称 | 型号规格 | 数量 | 名称 | 型号规格 | 数量 |
|---|---|---|---|---|---|
| 直流电压表 | PZ114 | 1 | 直流毫安表 | PA15A | 1 |
| 瓷盘电阻 | 自制 | 1 | 线性元件:电阻 | - | 1 |
| 非线性元件:小电珠、晶体二极管 | - | 1 | 直流稳压电源 | MCH-300 | 1 |

### 1.1.5 注意事项

1. 直流电压表和直流毫安表都具有极性,测量时应注意它的极性,并注意量程。
2. 测定小电珠的伏安特性时,电压不允许超过小电珠的额定电压 6.3 V。

### 1.1.6 报告要求

1. 根据实验测得的电压、电流,作出元件的伏安特性曲线。
2. 回答下列思考题。
(1) 线性电阻元件的平均阻值为多少?
(2) 小电珠的电阻值是随电流的增大而增大还是减小? 为什么?
(3) 晶体二极管的正向电阻是随电流的增大而增大还是减小?

## 1.2 负载获得最大功率

### 1.2.1 实验目的

1. 学习电工实验的基本技术。
2. 学习仪表、稳压电源等仪器设备的使用方法。
3. 验证获得最大功率的条件。

### 1.2.2 原理说明

通过改变负载电阻的大小测量负载所获功率的变化,以证明最大功率匹配条件是:负载电阻 $R_L$ 等于电流的内阻 $R_S$。

### 1.2.3 实验内容

1. 在实验板上按图 1.2.1 接好线路,图中直流电源 $E$ 由晶体管稳压电源提供,输出电压调到 10 V,负载电阻 $R_L$ 由可调电阻提供。其等效电阻如图 1.2.2 所示。

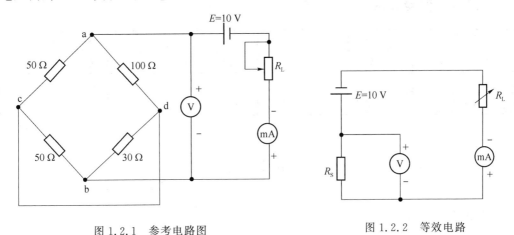

图 1.2.1 参考电路图　　　　　　图 1.2.2 等效电路

2. 接通电源测出内阻压降 $U_S$,线路电流 $I_0$,计算出电源内阻 $R_S$,然后,调电阻 $R_L$ 并在表 1.2.1 中记录电压、电流的变化。

表 1.2.1　cd 短接时实验结果记录表

| 当 $I_0=$ | | mA 时 | | $U_S=$ | | V | |
|---|---|---|---|---|---|---|---|
| $I$/mA | | | | | | | |
| $U_S$/V | | | | | | | |
| $R_L=\dfrac{E-U_S}{I}/\Omega$ | | | | | | | |
| $P=(E-U_S)I$/W | | | | | | | |

3. 将 cd 短接线拆除,重复上述实验,结果记录在表 1.2.2 中。
4. 计算输出功率,在同一坐标上绘制两条功率传输曲线 $P=f(R_L)$。
5. 理论计算并与实验测量值进行比较,验证学过的理论与公式。

表 1.2.2  cd 断开时实验结果记录表

当 $I_0 =$ ____ mA 时    $U_S =$ ____ V

| $I/\mathrm{mA}$ | | | | | | |
|---|---|---|---|---|---|---|
| $U_S/\mathrm{V}$ | | | | | | |
| $R_L = \dfrac{E - U_S}{I}/\Omega$ | | | | | | |
| $P = (E - U_S)I/\mathrm{W}$ | | | | | | |

### 1.2.4 仪器设备

| 名 称 | 型号规格 | 数 量 | 名 称 | 型号规格 | 数 量 |
|---|---|---|---|---|---|
| 直流稳压电源 | MCH-300 | 1 | 直流毫安表 | PA15A | 1 |
| 直流电压表 | PZ114 | 1 | 可调电阻箱 | 自制 | 1 |
| 实验板 | 自制 | 1 | — | — | — |

# 1.3 基尔霍夫定律

### 1.3.1 实验目的

1. 验证基尔霍夫电流定律和电压定律。
2. 加深对参考方向的理解。

### 1.3.2 原理说明

基尔霍夫定律是电路理论中最基本也是最重要的定律之一,它概括了电路中电流和电压分别应遵循的基本规律。基尔霍夫定律的内容有两条:一是基尔霍夫电流定律,二是基尔霍夫电压定律。

基尔霍夫电流定律:在电路中,任意时刻流进和流出节点的电流的代数和等于零,即 $\sum I = 0$。

基尔霍夫电压定律:在电路中,任意时刻沿闭合回路电压降的代数和恒等于零,即 $\sum U = 0$。

以上结论与回路中元件的性质无关,不论这些元件是线性或非线性的,有源或无源的,时变或时不变的都适用。

参考方向如图 1.3.1 所示:设电压降的方向是

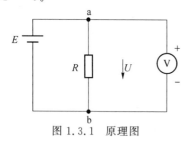

图 1.3.1  原理图

从 a 到 b；电压表的正极与 a 端相连，负极与 b 端相连。若电压表的指针顺时针偏转，则读数为正，说明参考方向与实际方向一致。若电压表的指针为逆时针偏转，则读数为负，说明参考方向与实际方向相反，对电流也一样。

### 1.3.3 实验内容

1. 按图 1.3.2 接线。

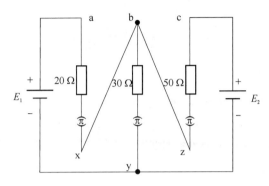

图 1.3.2 实验图

2. 验证基尔霍夫电流定律。测量数据记入表 1.3.1 中。
3. 验证基尔霍夫电压定律。测量数据记入表 1.3.2 中。

$$\sum U = \sum E$$
$$U_{ax} + U_{by} = U_{ay}$$
$$U_{cz} + U_{by} = U_{cy}$$
$$U_{ax} - U_{cz} = U_{ay} - U_{cy}$$

表 1.3.1 实验内容 2 结果记录表

|  | 计算值 | 测量值 | 误差(%) |
|---|---|---|---|
| $I_{ax}$ |  |  |  |
| $I_{by}$ |  |  |  |
| $I_{cz}$ |  |  |  |

表 1.3.2 实验内容 3 结果记录表

|  | 计算值 | 测量值 | 误差(%) |
|---|---|---|---|
| $U_{ax}$ |  |  |  |
| $U_{by}$ |  |  |  |
| $U_{cz}$ |  |  |  |

### 1.3.4 仪器设备

| 名 称 | 型号规格 | 数 量 | 名 称 | 型号规格 | 数 量 |
|---|---|---|---|---|---|
| 直流稳压电源 | MCH-300 | 1 | 直流毫安表 | PA15A | 1 |
| 直流电压表 | PZ114 | 1 | 实验板 | 自制 | 1 |

### 1.3.5 报告要求

1. 利用测量结果验证基尔霍夫定律,并与计算值相比较,求出其相对误差。
2. 回答下列思考题。

(1) 已知某支路电流约为 3 mA 左右,现有量程分别为 5 mA 和 10 mA 的电流表两只,你选用哪一只?为什么?

(2) 电压降和电位的区别是什么?

## 1.4 戴维南定理

### 1.4.1 实验目的

1. 加深对线性电路中戴维南定理的理解。
2. 熟悉直流稳压电源、直流电压表、直流电流表的使用。
3. 通过求测含源一端口网络外特性曲线,达到掌握一般电源外特性的测量方法。

### 1.4.2 原理说明

任何一个线性含源一端口网络,对外电路来说,可以用一条有源支路来等效替代,该有源支路的电动势 $E$ 等于含源一端口网络的开路电压 $U_{abK}$,其电阻等于含源一端口网络化为无源网络后的输入端电阻 $R$。

### 1.4.3 实验内容

1. 按图 1.4.1 接线,测量开路电压 $U_{abK}$。

$$E = U_{abK} = \qquad V$$

2. 按图 1.4.2 接线,测量入端电阻 $R$。

$$U = \qquad V$$
$$I = \qquad A$$
$$R = U/I = \qquad \Omega$$

含源一端口网络等效电路如图 1.4.3 所示。

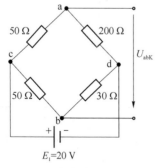

图 1.4.1 开路电压电路图

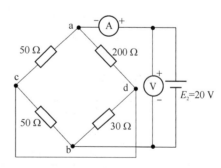

图 1.4.2 等效电阻电路图

3. 按图1.4.4接线,测量含源一端口网络外特性曲线 $U = f(I)$。

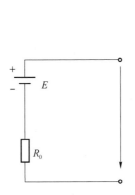
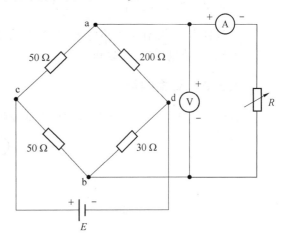

图1.4.3 含源一端口等效电路图　　　图1.4.4 外侧性电路图

4. 测量结果记录到表1.4.1中。

表1.4.1　测量记录表

| U/V | | | | | | | | | |
|---|---|---|---|---|---|---|---|---|---|
| I/mA | | | | | | | | | |

### 1.4.4　仪器设备

| 名　称 | 型号规格 | 数　量 | 名　称 | 型号规格 | 数　量 |
|---|---|---|---|---|---|
| 直流稳压电源 | MCH-300 | 1 | 直流毫安表 | PA15A | 1 |
| 直流电压表 | PZ114 | 1 | 可调电阻箱 | 自制 | 1 |
| 实验板 | 自制 | 1 | - | - | - |

### 1.4.5　注意事项

注意直流电压表和直流毫安表的极性及量程。

## 1.5　叠加原理

### 1.5.1　实验目的

验证叠加原理,加深对叠加原理的理解。

### 1.5.2 原理说明

在线性电路中,任一支路电流(或电压)都是电路中各电动势单独作用时在该支路中产生的电流(或电压)的代数和。

### 1.5.3 实验内容

按图 1.5.1(a)、(b)、(c)接线验证叠加原理。

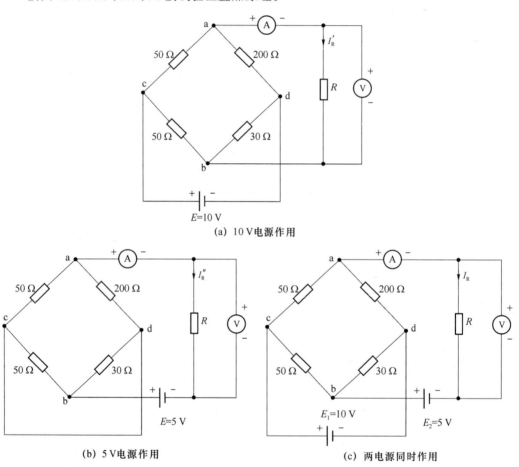

图 1.5.1 叠加原理实验图

$U_R =$     V      $I_R =$     mA
$U'_R =$     V      $U''_R =$     V
$U'_R + U''_R =$     V
$I'_R + I''_R =$     mA

### 1.5.4 仪器设备

| 名　称 | 型号规格 | 数　量 | 名　称 | 型号规格 | 数　量 |
|---|---|---|---|---|---|
| 直流稳压电源 | MCH-300 | 1 | 直流毫安表 | PA15A | 1 |
| 直流电压表 | PZ114 | 1 | 可调电阻箱 | 自制 | 1 |
| 实验板 | 自制 | 1 | | | |

### 1.5.5 报告要求

将多个电动势同时作用产生的响应与各个电动势单独作用产生的响应的代数和进行比较，若测量有误差则分析误差产生的原因。

# 第 2 章　正弦稳态电路测试技术

## 2.1　交流电路的基本量测量

### 2.1.1　实验目的

1. 学习常用的交流仪表、设备(电压表、电流表、功率表及调压变压器)的使用方法。
2. 掌握测定交流电路参数的基本方法,并加深对阻抗角及相位差概念的理解。

### 2.1.2　原理说明

1. 电阻:电流与电压同相 $R = U/I$。
2. 电容:电流超前电压 90°。

$$U = X_C I = \frac{I}{\omega C} \Rightarrow C = \frac{I}{\omega U} \tag{2.1.1}$$

3. 电感:电流滞后电压 90°,一般电感圈中都含有电阻 $r_L$。故电感线圈的复数阻抗为

$$Z_L = r_L + jX = |Z_L|\varphi \tag{2.1.2}$$

$$|Z_L| = \sqrt{r_L^2 + X_L^2} \Rightarrow X_L = \sqrt{Z_L^2 + r_L^2} \tag{2.1.3}$$

### 2.1.3　实验内容

1. 按图 2.1.1(a)接线,测定瓷盘电阻器的电阻 $R$。要求在两个不同的外加电压作用下测量两次,将计算得到的电阻值取平均值。

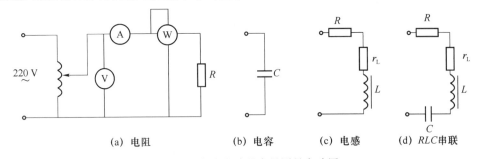

(a) 电阻　　(b) 电容　　(c) 电感　　(d) RLC串联

图 2.1.1　交流电路基本量测量实验图

计算方法采用 $R=\dfrac{U}{I}$ 与 $R=\dfrac{P}{I^2}$ 两种,将测量及计算结果填入表 2.1.1。

表 2.1.1 接电阻时结果记录表

| 序号 | 测量数据 | | | 计算结果 | |
|---|---|---|---|---|---|
| | U/V | I/A | P/W | $R=\dfrac{U}{I}/\Omega$ | $R=\dfrac{P}{I^2}/\Omega$ |
| 1 | | | | | |
| 2 | | | | | |
| 3 | | | | | |
| 平均值 | | | | | |

注:瓷盘电阻的电阻调到最大值位置。

2. 按图 2.1.1(b)接线,测定电容器的电容 $C$。

观察功率表中有无读数,将测量结果填入表 2.1.2。

3. 按图 2.1.1(c)接线,测定电感线的电感 $L$,由于电感线圈的电阻 $r_L$ 比较小,功率的指针偏转角太小,不易读出,可将电感线圈与实验内容第 1 点中的电阻同时串联到电路中,这时电压表改接到电感线圈的两端。计算 $L$ 的方法如下:

$$R+r_L=\frac{P}{I^2}$$

$$r_L=\frac{P}{I^2}-R$$

$$|Z_L|=\frac{U_L}{I}$$

$$X_L=\sqrt{Z_L^2-r_L^2}$$

$$L=X_L/\omega \tag{2.1.4}$$

将测量与计算结果填入表 2.1.3。

4. 按图 2.1.1(d)接线,将电阻、电感和电容器串联,测量电路中各元件的端电压、串联电路的总电压,流过电路的电流及电路所吸收的功率,将测量数据填入表 2.1.4 算出电路的阻值 $Z$ 及功率因数 $\cos\varphi$,并作出电路的相量图。

表 2.1.2 接电容时结果记录表

| 序号 | 测量数据 | | | 计算结果 |
|---|---|---|---|---|
| | U/V | I/A | P/W | $C=I/(\omega U)$ |
| 1 | | | | |
| 2 | | | | |
| 3 | | | | |
| 平均值 | | | | |

注:电容箱的电容调到 20 mF。

表 2.1.3  接电感线圈时结果记录表

| 序号 | 测量数据 | | | 计算结果 | | | |
|---|---|---|---|---|---|---|---|
| | $U_L/V$ | $I/A$ | $P/W$ | $r_L = \dfrac{P}{I^2} - R$ | $Z_L = U_L/I$ | $X_L = \sqrt{Z_L^2 - r_L^2}$ | $L = X_L/\omega$ |
| 1 | | | | | | | |
| 2 | | | | | | | |
| 3 | | | | | | | |
| 平均值 | | | | | | | |

注:① 外加电阻 $R$ 的大小用前面测量的结果。

② 电感线圈全部接入。

表 2.1.4  电阻、电感、电容串联时结果记录表

| 序号 | 测量数据 | | | | | 计算结果 | |
|---|---|---|---|---|---|---|---|
| | $U_总/V$ | $U_R/V$ | $U_L/V$ | $I/A$ | $P/W$ | $Z = U_总/I$ | $\cos\varphi = U_R/U_总$ |
| 1 | | | | | | | |
| 2 | | | | | | | |
| 3 | | | | | | | |
| 平均值 | | | | | | | |

注:电阻、电感全部接入,电容用 20 μF。

### 2.1.4  仪器设备

| 名称 | 型号规格 | 数量 | 名称 | 型号规格 | 数量 |
|---|---|---|---|---|---|
| 交流电压表 | D26-300V | 1 | 交流电流表 | D26-2A | 1 |
| 单相功率表 | D26-300V-2A | 1 | 瓷盘电阻器 | 自制 | 1 |
| 电感线圈 | 自制 | 1 | 电容箱 | SDDJ-Y 型 | 1 |
| 单相调压器 | 1KVA | 1 | - | - | - |

### 2.1.5  注意事项

1. 按图接线,先接串联回路,再接并联回路。

2. 调压变压器从正面看上去,左边接输入右边接输出,调节调压变压器时,必须注意各仪表读数,切勿超过量程,每做完一次实验均需将调压器的调压手柄退回零点,然后断开电源。

3. 交流电压表和交流电流表是没有极性的,表上的读数是电压或电流的有效值,在使用时要注意量程的选择:电压表用 0~300 V 挡,电流表 0~2 A 挡。

4. 单相功率表用以测量有功功率,它具有电流和电压两组线圈,电流线圈与负载串联,电压线圈与负载并联,但电流与电压线圈的"＊"号必须在一起。

5. 交流电流表和单相功率表的电流线圈量程的改变是通过仪表线柱上的两块搭接板,当两块接板叠到一起时,为 1 A 量程。当两块接板平行插接时,为 2 A 量程。

6. 读数方法:电流表、电压表和功率表都是按满刻度 1 A、150 V,功率表读数为 150 W。如果电流表按 2 A 或电压表按 300 V 接线,则电流表或电压表读数必须乘 2;如果功率表的电流按 2 A,电压表按 300 V 接线,则读数必须乘以 4。

### 2.1.6 思考问题

调压变压器输入端和输出端接反了会发生什么情况?

### 2.1.7 报告要求

1. 根据测量数据计算各元件的参数。
2. 根据实验内容 4 的测量数据和计算结果作出相量图,验证 $U = U_R + U_X$。

## 2.2 功率因数的提高

### 2.2.1 实验目的

1. 加深对用并联电容来提高功率因数的了解。
2. 进一步熟悉电工仪表的使用方法和常用交流电表的读数方法。
3. 了解日光灯所属各部件(如镇流器、启辉器和灯管)的使用。

### 2.2.2 原理说明

本实验所用的负载是日光灯。整个日光灯电路是由灯管、镇流器和启辉器所组成。其实际线路如图 2.2.1 所示。当接上电源后,经日光灯管的两个灯丝,把 220 V 的电压加在启辉器的两端,启辉器开始放电,它的两极受热而接触,从而接通灯丝的加热电路,使灯丝加热。另一方面,当启辉器的两个电极接触后,启辉器就停止放电,当两极因温度下降而复原,断开灯丝加热电路。就在这一瞬间,日光灯两端因承受较高的电压而使日光灯放电,灯管内壁所涂的荧光粉,因受紫外线的激发而发出可见光。镇流器是一个铁芯线圈,因此日光灯是一个感性负载。功率因数约为 0.5 左右,可用并联电容的方法来提高其功率因数。

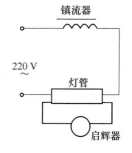

图 2.2.1 日光灯接线图

当电容增加时,电容支路容性无功电流 $I_C = I_L$ 时,总电流与总电压同相,功率因数等于 1,总电流 $I$ 为最小。

### 2.2.3 实验内容

图 2.2.2 中日光灯板由 3 只 20 W 日光灯并联组成,可变电容 $C$ 是 0~24 μF 的电容箱。在不同 $C$ 下读 $I$、$P$,可按公式 $\cos \varphi = P/UI$ 算出 $\cos \varphi$。如图 2.2.2 接线。

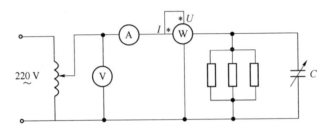

图 2.2.2 实验图

调节调压器的转动手柄保持负载电压为 200 V 不变,使日光灯启动发亮。电容 $C$ 从零开始逐渐增加,读取电源 $I$ 和 $P$ 值填入表 2.2.1 中。

表 2.2.1 记录的数据($U = 200$ V)

| $C/\mu F$ | 0 | 2 | 4 | 6 | 8 | 10 | 12 | 14 | 15 | 16 | 18 | 20 | 22 | 24 |
|---|---|---|---|---|---|---|---|---|---|---|---|---|---|---|
| $I/A$ | | | | | | | | | | | | | | |
| $P/W$ | | | | | | | | | | | | | | |
| $\cos \varphi$ | | | | | | | | | | | | | | |

### 2.2.4 仪器设备

| 名 称 | 型号规格 | 数 量 | 名 称 | 型号规格 | 数 量 |
|---|---|---|---|---|---|
| 交流电压表 | D26-300V | 1 | 交流电流表 | D26-2A | 1 |
| 单相功率表 | D26-300V-2A | 1 | 日光负载板 | 自制 | 1 |
| 电容箱 | SDDJ-Y 型 | 1 | 单相调压器 | 1KVA | 1 |

### 2.2.5 注意事项

1. 调压器输入/输出不能接反。

2. 在整个实验过程中应保持电源电压不变。
3. 做实验时不要打开电容箱,以免电容放电发生触电事故。

### 2.2.6 思考问题

1. 当与日光灯并联的电容由小逐渐增大时,$I=f(C)$应该是怎样的变化规律?为什么?
2. 当 $C$ 改变时,功率表的读数及日光灯支路的电流是否改变?为什么?

## 2.3 三相电路电压与电流测量

### 2.3.1 实验目的

1. 学习三相负载的连接方法。
2. 验证对称三相电路中的线电压与相电压、线电流与相电流之间的$\sqrt{3}$倍关系。
3. 研究不对称负载下的中点位移及中线的作用。
4. 了解相序的判断方法。

### 2.3.2 原理说明

三相负载的基本连接方法有星形与三角形两种,对于星形连接,按其有无中线又可分为三线制和四线制。

当电源与负载都对称时,在星形连接的三相电路中:$I_1=\sqrt{3}\,I_{ph}$,$U_1=\sqrt{3}\,U_{ph}$。而在三角形连接的三相电路中:$U_1=U_{ph}$,$I_1=\sqrt{3}\,I_{ph}$。

三相电源的相序有正序和负序之分,如果 $U_A$ 比 $U_B$ 超前 $2\pi/3$,$U_B$ 比 $U_C$ 超前 $2\pi/3$,则 A、B、C 的相序为正序,反之便称为负序。

### 2.3.3 实验内容

1. 按图 2.3.1 接成对称星形负载。测量对称三相负载在有中线和无中线时的线电压和相电压、线电流和中线电流(在有中线时)。

断开 A 相,观察有中线和无中线时 B、C 两端灯泡的亮度,并测出这两种情况下的各电压和电流值。

在无中线的情况下将 A 相短接,观察灯泡亮度,并测出各电压及电流的值(注意:本实验不能有中线,否则会使电源短路)。

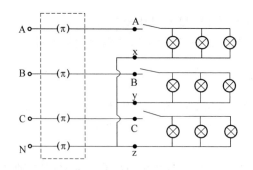

图 2.3.1 星形连接实验图

2. 按图 2.3.2 接成对称三角形负载。

测量负载时线电流和线电压。

测量 A、B 相断线时的线电流。

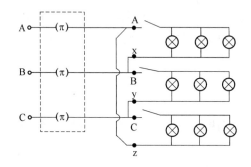

图 2.3.2 三角形连接实验图（测线电流）

3. 按图 2.3.3 接成,测量对称负载及 A、B 相断线时的相电流。

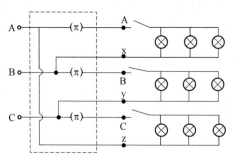

图 2.3.3 三角形连接实验图（测相电流）

将 1～3 中所测的实验数据记录在表 2.3.1 内。

4. 按图 2.3.1 中 A 相灯泡换成 2 μF 电容,分别在有中线和无中线两种情况下观察 B、C 两相灯泡的亮度,将发现在有中线时 B、C 两相灯泡亮度相同,在无中线时 B 相灯泡亮于 C 相灯泡(注:实际上此电路可以作为相序测定器,如果以接有电容的那一相为正序的 A 相,则灯泡较亮的那一相为 B 相,暗的那一相为 C 相)。

表 2.3.1 测量结果记录表

| 测量内容 | | | 线电压 | | | 相电压 | | | 相电流 | | | 线电流 | | | 中线电流 |
|---|---|---|---|---|---|---|---|---|---|---|---|---|---|---|---|
| | | | $U_{AB}$ | $U_{BC}$ | $U_{CA}$ | $U_A$ | $U_B$ | $U_C$ | $I_A$ | $I_B$ | $I_C$ | $I_{AB}$ | $I_{BC}$ | $I_{CA}$ | $I_N$ |
| 星形连接 | 对称 | 有中线 | | | | | | | | | | | | | |
| | | 无中线 | | | | | | | | | | | | | |
| | 一相断线 | 有中线 | | | | | | | | | | | | | |
| | | 无中线 | | | | | | | | | | | | | |
| | 一相短路 | 有中线 | | | | | | | | | | | | | |
| | | 无中线 | | | | | | | | | | | | | |
| 三角形连接 | 对称 | | | | | | | | | | | | | | |
| | AB 相断线 | | | | | | | | | | | | | | |

### 2.3.4 仪器设备

| 名 称 | 型号规格 | 数量 | 名 称 | 型号规格 | 数量 |
|---|---|---|---|---|---|
| 交流电压表 | D26-300V | 1 | 交流电流表 | D26-2A | 1 |
| 三相负载板 | 自制 | 1 | 三相电流接线板 | 自制 | 1 |
| 电流插头 | - | 1 | 电容箱 | SDDJ-Y 型 | 1 |

### 2.3.5 注意事项

1. 由于电压较高,每次更换电路之前必须切断电源。
2. 为了防止烧坏灯泡,电源线电压降至 220 V。
3. 为了防止短接电源,星形负载做一相短路实验不准有中线,三角形负载不做一相短路实验。

### 2.3.6 思考问题

把接电源的三根导线中的任意两根互换,电路中 B 相灯光由_____变_____,这表明三相电路中只要把电源接线中两根互换就可以改变电源_____,B、C 两相灯泡亮度_____。这表明中线_____,把中线接上,能使星形不平衡负载各相电压_____。

### 2.3.7 报告要求

要求对测量结果用相量图加以分析讨论。

## 2.4 三相功率的测量

### 2.4.1 实验目的

1. 学习用两表法测量三相三线不对称的电路的有功功率。
2. 学习用两表法测量三相三线对称的电路的无功功率。

### 2.4.2 原理说明

1. 三相有功功率

设负载是星形连接,三相瞬时功率可以写成 $p = p_A + p_B + p_C = u_{AN}i_A + u_{BN}i_B + u_{CN}i_C$。三相三线制中,由于 $i_A + i_B + i_C = 0$ 即 $i_B = -(i_A + i_C)$ 代入并整理得到:

$$p = (u_{AN} - u_{BN})i_A + (u_{CN} - u_{BN})i_C = u_{AB}i_A + u_{CB}i_C \tag{2.4.1}$$

当电路是正弦时,按求平均功率的方法,将瞬时功率取一个周期的平均值即得三相平均功率:

$$P = U_{AB}I_A\cos\varphi_1 + U_{CB}I_C\cos\varphi_2 = P_1 + P_2$$

式中,$\varphi_1$ 和 $\varphi_2$ 分别为 $U_{AB}$ 与 $I_A$ 之间、$U_{CB}$ 与 $I_C$ 之间的相位差,图 2.4.1 两个功率表的接法正是满足了此式的要求,因而,这两个功率表读数代数和就是三相电路的总功率。

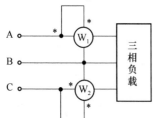

图 2.4.1 负载对称两表法

2. 三相三线对称电路的无功功率

接线原理如图 2.4.2 所示。

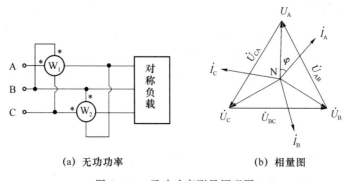

(a) 无功功率  (b) 相量图

图 2.4.2 无功功率测量原理图

注:本接线原理图、相量图及公式推导都是按感性负载考虑的。若为容性负载则功率表电压线圈的极性要倒过来,这样指针才不会反转。

$$P_1 = U_{BC}I_A\cos(U_{BC}I_A) = U_{BC}I_A\cos(90°-\varphi) = U_X I_X \sin\varphi$$
$$P_2 = U_{AB}I_C\cos(U_{AB}I_C) = U_{AB}I_C\cos(90°-\varphi) = U_X I_X \sin\varphi$$
$$P_1 + P_2 = 2U_X I_X \sin\varphi = \frac{2}{3}Q$$
$$Q = (P_1 + P_2)\frac{3}{2}$$

### 2.4.3 实验内容

1. 按图 2.4.3 接线,读取 $P_1$ 和 $P_2$ 负载 $Z_A$ 为 3×60 W 灯泡,负载 $Z_B$ 为 2×60 W 灯泡,负载 $Z_C$ 为 1×60 W 灯泡。

$$P = P_1 + P_2$$

2. 按图 2.4.4 接线,读取单相功率 $P_A$、$P_B$、$P_C$(用一个单相功率表测量 3 次)。

$$P = P_A + P_B + P_C$$

验证:
$$P_1 + P_2 = P_A + P_B + P_C$$

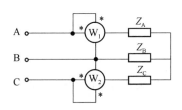

图 2.4.3 负载对称两表法

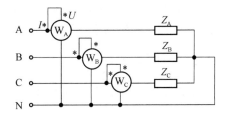

图 2.4.4 负载不对称三表法

3. 按图 2.4.5 接线,用二线测量三相三线对称星形电容负载的电容无功功率 $Q=3(P_1+P_2)/2$。

4. 按图 2.4.5 接线,用电压表测出电容 $C$ 的相压 $U_{AN}$、$U_{BN}$、$U_{CN}$,则

$$Q_A = \frac{U_{AN}^2}{X_C} \quad Q_B = \frac{U_{BN}^2}{X_C} \quad Q_C = \frac{U_{CN}^2}{X_C}$$

验证:
$$3(P_1+P_2)/2 = Q_A + Q_B + Q_C$$

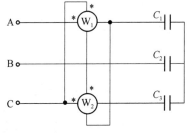

图 2.4.5 电容两表法

### 2.4.4 仪器设备

| 名 称 | 型号规格 | 数 量 | 名 称 | 型号规格 | 数 量 |
|---|---|---|---|---|---|
| 交流电压表 | D26-300V | 1 | 交流电流表 | D26-2A | 1 |
| 三相负载板 | 自制 | 1 | 三相电流接线板 | 自制 | 1 |
| 电流插头 | - | 1 | 电容箱 | SDDJ-Y 型 | 1 |
| 单相功率表 | D26-300V-2A | 1 | - | - | - |

### 2.4.5 注意事项

1. 测试棒只能用在电压表的电压端子上,严禁接在电流表端子上,误将电流表的电流线圈并联在负载上会烧坏电流线圈。
2. 二表法只能用于测量三相三线对称负载的无功功率(如图 2.4.2(a)所示),不适用于测量三相三线不对称负载的无功功率。
3. 因为电容的无功功率是容性的,按图 2.4.5 接线指针会反转,应将功率表旋钮置于"一"。

## 2.5 非正弦电路

### 2.5.1 实验目的

1. 用实验的方法测量非正弦电压在线性电路中产生的非正弦电压和非正弦电流,并与解析法计算结果相比较,以进一步明确有关概念。
2. 学习使用示波器观察波形的方法。

### 2.5.2 原理说明

非正弦电压采用单相半波整流的方法来实现,负载采用电阻箱和电感线圈,如图 2.5.1所示。

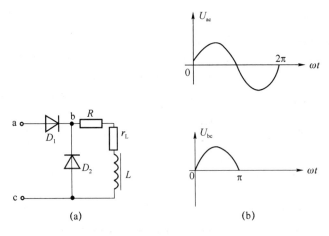

图 2.5.1 实验原理图

若 $U_{bc}$ 是单相正弦波,则 $U_{bc}$ 就是单相整流波形。图中 $D_1$ 是整流二极管,当 a 点电位高于 b 点时就导通,否则就截止。$D_2$ 是续流二极管,目的是为保证在负半周时 $D_2$ 二极管能更好地截止。

具体说明如下:正半周时设 a 点电位为正,c 点为负,$D_1$ 导通;负半周时,c 点为正,a 点为负。如果 b、c 两点等电位,则 b 点电位也为正,$D_1$ 管能很好地截止,但若在负载中有电感线圈,负半周时线圈中会产生一个向上的感应电压,上端为负,通过电源加到 $D_1$ 管上,有碍 $D_2$ 管的截止。现在电路中设置的 $D_2$ 二极管就可使此感应电压短路,使 b、c 两点近似等电位,保证负半周时 $D_2$ 管能更好地截止。

### 2.5.3 实验内容

1. 按图 2.5.2 接成,调节 $U=140$ V,读取 $U_{bc}$ 和 $I$。

$$U_{bc} = \quad V \qquad I = \quad A$$

2. 从 b、c 两点取出电压信号输入示波器,观察单相半波整流后的波形。
3. 按图 2.5.3 接线,测量参数 $R$、$X_L$。

建议:将电流调至 1 A 时读取 $U$ 和 $P$。

$$U = \quad V$$
$$P = \quad W$$

参数的计算方法:

$$R = P/I^2$$
$$|Z| = U/I$$
$$X_L = \sqrt{|Z|^2 - R^2}$$

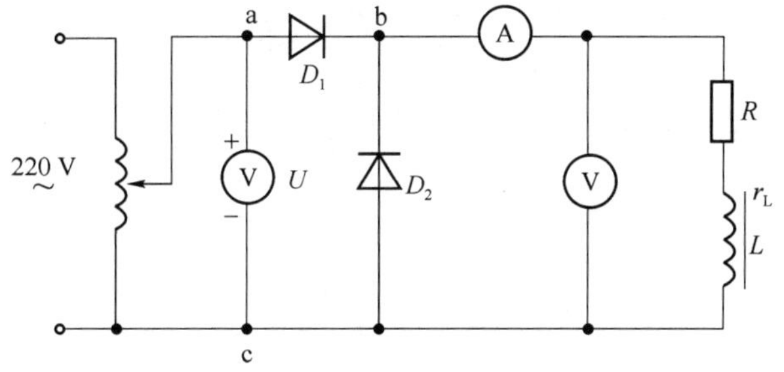

图 2.5.2 半波整流实验图

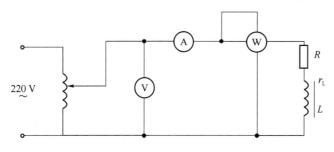

图 2.5.3 $R$、$L$ 串联实验图

### 2.5.4 仪器设备

| 名　称 | 型号规格 | 数　量 | 名　称 | 型号规格 | 数　量 |
|---|---|---|---|---|---|
| 交流电压表 | D26-300V | 1 | 交流电流表 | D26-2A | 1 |
| 单相调压器 | 0～240V 可调 | 1 | 实验板 | 自制 | 1 |
| 电感线圈 | 自制 | 1 | 电阻箱 | 自制 | 1 |
| 单相功率表 | D26W | 1 | 示波器 | V-5040/V-552/V-5060 | 1 |

### 2.5.5 注意事项

1. 电压表接成活动的,用测试棒测量。

2. 用 $U_{bc}$ 电压信号输入示波器时,必须注意极性,b 点电位为正,c 点电压为零(接地),所以调压在接电源时,要特别注意保证 a 点是由相线来,c 点是由中线来,并且输入示波器的电压必须降低到 15 V 内。

### 2.5.6 报告要求

要求将图 2.5.2 测量的非正弦电压和电流有效值与计算结果相比较。如果误差太大,分析产生误差的原因。

非正弦电压和电流有效值的计算方法如下。

已知单相半波整流后的函数表达式为:

$$U(t)=\frac{U_{bcm}}{\pi}+\frac{U_{bcm}}{2}\sin \omega t+\frac{2U_{bcm}}{3\pi}\sin \left(2\omega t-\frac{\pi}{2}\right)+\cdots$$

而 $U_{bcm}=\sqrt{2}U_{ac}$(二次以上的谐波分量很小的,计算时可以只取前 3 项),所以:

$$U_0=\frac{U_{bcm}}{\pi}=\frac{\sqrt{2}U_{bc}}{\pi}=(\qquad)$$

$$U_1=\frac{U_{bcm}}{2\pi}=\frac{\sqrt{2}U_{bc}}{2\pi}=(\qquad)$$

$$U_2=\frac{2U_{bcm}}{3\pi}=\frac{2\sqrt{2}U_{bc}}{3\pi}=(\qquad)$$

因此:

$$U_{bc}=\sqrt{U_0^2+U_1^2+U_2^2}=(\qquad)$$

$$I_0=\frac{U_0}{R}=(\qquad)$$

$$I_1=\frac{U_1}{\sqrt{R^2+X_L^2}}=(\qquad)$$

$$I_2=\frac{U_2}{\sqrt{R^2+(2X_L)^2}}=(\qquad)$$

$$I=\sqrt{I_0^2+I_1^2+I_2^2}=(\qquad)$$

## 2.6 单相变压器

### 2.6.1 实验目的

1. 了解变压器的基本构造及铭牌数据的意义。
2. 学习变压器绕组相对性的判别方法。
3. 测定单相变压器的空载特性曲线和变化。
4. 测定单相变压器的外特性。

### 2.6.2 原理说明

变压器是将某一电压值的交流电变换为同频率的另一电压值的电气设备,可用来变换电压、电流和阻抗。

变压器的铭牌数据主要表明变压器的额定使用条件,以及在此条件下的输出能力(即额定容量)。目的是为了使用户了解变压器的结构性能和运行特点。

**1. 变压器的空载实验**

变压器的空载实验是变压器的基本实验之一。主要是为了确定变压器的变化,空载电流和空载损耗(包括磁滞损耗和涡流损耗,即铁损)。还可以由空载实验确定变压器等效电路的参数。空载特性表明空载电压 $U_0$ 和空载电流 $I_0$ 之间的关系。

通过空载实验可以测定变压器的变比:

$$K = U_0 / U_{20}(N_1/N_2) \times 100\%$$

**2. 变压器的短路实验**

短路实验也是变压器的基本实验之一。通过短路实验可以测出变压器的铜损、短路电压和短路阻抗等数据。

从空载实验和短路实验中测得的铁损 $\Delta P_{Fe}$、铜损 $\Delta P_{Cu}$ 及变压器的输出功率 $P_2$,则可计算变压器的效率:

$$\eta = P_2/(\Delta P_{Fe} + \Delta P_{Cu}) \times 100\%$$

**3. 变压器的外特性**

变压器的外特性是指当变压器一次侧(或称原边)电压 $U$ 和负载功率因数 $\cos \varphi_2$ 都一定时,二次侧(或称副边)电压 $U_2$ 随二次侧电流(负载电流)$I_2$ 的变化关系,即 $U=f(I_2)$,如图 2.6.1 所示。

负载变化时所引起的二次侧电压的变化程度,既和负载的大小及性质(如阻性、感性、容性

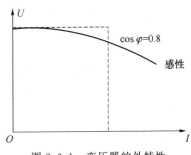

图 2.6.1 变压器的外特性

以及功率因数的大小)有关,又和变压器本身的特性有关。电阻性或电感性负载,增大或变小。

**4. 变压器绕组的相对极性**

当一台变压器有几个二次侧绕组需要串联使用,或几个变压器需要串联和并联使用时,为了连接正确,必须用实验的方法确定变压器绕组的同极性端(或称同名端)。

通常采用交流法测定绕组间的相对极性,如图 2.6.2 所示。首先用万用表找出同一绕组的两端点,然后将两个绕组各一个端点(如图 2.6.2(a)中的端点 2 与 4)相连,在高压侧加一个比较性的、便于测量的交流电压 $U_{21}$,再用电压表分别测出电压 $U_{12}$、$U_{34}$ 和 $U_{13}$,若有效值之间的关系为 $U_{13}=U_{12}+U_{34}$,则 $U_{12}$ 和 $U_{34}$ 是反相的,端点 1 和 3 为异名端,若 $U_{13}=|U_{12}-U_{34}|$,则 $U_{12}$ 和 $U_{34}$ 是同相的,端点 1 和 3 同名端。

用同样的方法,可以判定多绕组变压器副绕组之间端点的相对极性,如图 2.6.2(b)所示。

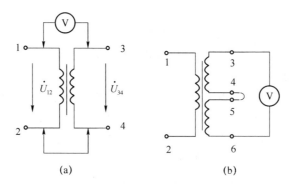

图 2.6.2 判断极性图

### 2.6.3 仪器设备

| 名　称 | 型号规格 | 数　量 | 名　称 | 型号规格 | 数　量 |
| --- | --- | --- | --- | --- | --- |
| 单相变压器 | IB-1 | 1 | 电压表 | 0～300V　D-26V | 1 |
| 单相调压器 | 1KVA 可调 | 1 | 电流表 | 0～2V　D-26V | 1 |
| 灯箱 | 自制 | 1 | 功率表 | 0～1A　0～300V　D-26V | 1 |

### 2.6.4 实验内容

**1. 判定变压器绕组端点的相对极性**

根据实验原理简述中的方法判定变压器二次侧绕组端点的相对极性。

## 2. 空载实验

(1) 测定变压器的变化

调节自耦变压器使变压器低压侧达到额定电压,测出 $U_1$ 和 $U_{20}$,计算变比 $K$:

$U_1=$     V        $U_{20}=$     V        $K=$

(2) 测定变压器的空载特性

按图 2.6.3 接线,调节自耦变压器,使电压升高到 $1.2\,U_{2N}$,从 $1.2\,U_{2N}$ 开始逐步减小到 $0.2\,U_{2N}$ 读取若干点的电压、电流和功率的数据,记入表 2.6.1。

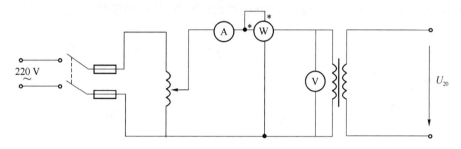

图 2.6.3 空载实验接线图

表 2.6.1 空载特性测量结果记录表

| 次数<br>测量内容 | 1 | 2 | 3 | 4 | 5 | 6 | 7 | 8 | 9 |
|---|---|---|---|---|---|---|---|---|---|
| $U_0/\text{V}$ | | | | | | | | | |
| $I_0/\text{A}$ | | | | | | | | | |
| $P_0/\text{W}$ | | | | | | | | | |

## 3. 测定变压器的外特性

按图 2.6.4 所示接线,调节自耦变压器始终保持变压器一次侧电压为额定值。逐渐改变负载的大小,使从空载起到二次侧电流达额定值为止,分别测出若干点负载电压和电流记入表 2.6.2 中(若有交流稳压电源,也可不用自耦变压器)。

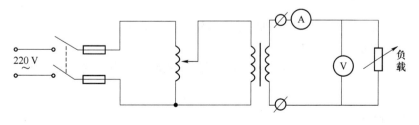

图 2.6.4 负载实验接线图

表 2.6.2　外特性测量结果记录表

| 测量内容＼次数 | 1 | 2 | 3 | 4 | 5 | 6 |
|---|---|---|---|---|---|---|
| $U_0/V$ | | | | | | |
| $I_0/A$ | | | | | | |

**4. 变压器短路试验**

按图 2.6.5 所示的电路接线,在断开电源的情况下,低压侧短路。

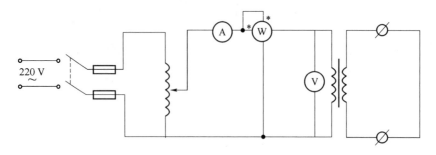

图 2.6.5　变压器短路实验接线图

将自耦变压器旋到零的位置,再合上电源开关。逐渐地缓慢调节自耦变压器,使高压侧的短路电流达到额定电流为止。读取电源、电压、功率的数据,记入表 2.6.3 中。

表 2.6.3　短路实验结果记录表

| 测量内容 | $I_0/A$ | $U_K/V$ | $P_K/W$ |
|---|---|---|---|
| 数据 | | | |

# 2.7　鼠笼式三相异步电动机

## 2.7.1　实验目的

1. 熟悉鼠笼式三相异步电动机的结构及铭牌数据意义。
2. 了解电机绝缘电阻的测定方法。
3. 学习用刀开关控制异步电动机启动、停止、正转和反转。并观察三相异步电动机断相运行情况。

## 2.7.2　原理说明

1. 铭牌数据:每台电机的机座上都有一块铭牌,它载明正确使用这台电机的各项技术数据,这些数据就是电机的额定值。因此在电机实验和使用之前,必须熟悉铭牌数据的意义。

2. 电机绝缘电阻的测定:鼠笼式三相异步电动机的绝缘电阻是指每相绕组和机壳(地)之间以及任意两相绕组之间的绝缘电阻。电机的额定功率小于 100 kW、额定电压为 380 V 时,绝缘电阻不应低于 0.5 MΩ,否则应进行烘干处理,绝缘电阻用兆欧表(又称摇表)进行测量。

3. 异步电动机的启动、反转:异步电动机在使用中要经常启/停,因此它的启动性能对生产有着直接的影响。电动机的启动性能主要是指启动电流和启动转矩,异步电动机在直接启动时,启动电流可达额定电流的 4~7 倍。但由于刚启动时转子电抗很大,故转子功率因数很低,所以启动转矩并不大,约为额定转矩的 0.9~2.0 倍。为了限制启动电流,并得到适当的启动转矩,对不同容量的异步电动机采用不同的启动方法。当鼠笼式三相异步电动机的功率不大于变压器容量的 5%~15% 时,允许直接启动。

当需要三相异步电动机反转时,只需将接在定子上的 3 根电源线中的任意两根对调,就能实现电动机的反转。通常利用三刀双掷开关进行反转控制,如图 2.7.1 所示。

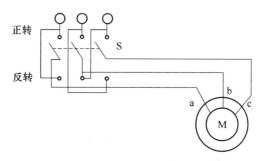

图 2.7.1 异步电动机正、反转控制电路图

### 2.7.3 仪器设备

| 名　称 | 型号规格 | 数　量 | 名　称 | 型号规格 | 数　量 |
|---|---|---|---|---|---|
| 异步电动机 | TW9B-4 | 1 | 转速表 | LZ-45 | 1 |
| 兆欧表 | ZC25-3 | 1 | 三刀双掷开关 | 5 A | 1 |
| 钳形电流表 | GM-28 | 1 | 接线叉 | 大号 | 3 |

### 2.7.4 实验内容

**1. 抄写待测电动机的铭牌数据,记入表 2.7.1 中**

表 2.7.1　电动机铭牌数据表

| 名称 | | | | | |
|---|---|---|---|---|---|
| 型号 | | 功率 | | 编号 | |
| 电压 | | 电流 | | 频率 | |
| 定额 | | 温升 | | 转速 | |
| 厂名 | | | | 日期 | |

**2. 测定电动机的绝缘电阻**

在测量绝缘电阻时,首先用万用表判断出同一绕组的两根端线,并作上标记,用兆欧表分别测量异步电动机定子绕组之间的绝缘电阻以及各定子绕组对地的绝缘电阻,将测得的结果记入表 2.7.2 中。

表 2.7.2　绝缘电阻记录表

| 相同绝缘电阻/MΩ | | | 各相对机壳绝缘电阻/MΩ | | |
|---|---|---|---|---|---|
| A、B 相同 | B、C 相同 | C、A 相同 | A 相 | B 相 | C 相 |
| | | | | | |

**3. 启动与反转**

启动:按图 2.7.1 接好线。用钳形电流表套住任意一根电源线,直接启动电动机,同时观察钳形电流表指针摆的情况,并记录启动电流

$$I_{st}=$$

反转:在正转的情况下,观察电动机的转动方向,然后将开关打到反转位置,再观察电动机的转动方向是否已经改变。

**4. 观察三相异步电动机断相运行情况**

在运行中断一相:电动机在运行时,小心从接线柱上断开一根电源线,观察电动机的运行情况,并用钳形表测出另两根电源线的电流

$$I_A=\qquad I_B=$$

**注意**:测量时动作要快,不允许电动机长时间通电。

**5. 电动机转速的测定**

将转速表轴的一端(装有橡皮头的)插入电机轴端中心孔里进行测量。

$$n=$$

**注意**:

(1) 要正确选择转速表的分挡量程。

(2) 改换量程时,必须取下转速表,待转速表轴不转动后再更换量程,不允许在测量过程中变换量程。

(3) 测量转速时,表轴与电动轴要保持在一条直线上,以保证测量的准确性。

### 2.7.5 注意事项

1. 在电动机投入运转以前,一定要仔细检查线路。注意防止电动机单相运行。
2. 接通电源启动电动机时,若电动机转动不起来,应立即切断电源,以免损坏电动机。
3. 注意防止触电事故的发生。

## 2.8 异步电动机有联锁的正、反转控制线路

### 2.8.1 实验目的

学习异步电动机点动控制线路、单相启动控制电路、有联锁的正、反转控制线路的连接。

### 2.8.2 原理说明

要使电动机按照生产机械的要求运转,必须配备一定的控制电器,并将它们组成控制电路。如实现电动机的启动、停车、调速、反转、制动等的自动控制;对电动机的工作时间、被电动机拖动的工件的行程等实现准确的控制;对若干台电动机实行程序的协调控制等。此外,还能对电动机和生产机械进行保护。

用按钮、接触器、继电器等有触点电器组成的控制电路称为继电接触控制电路。

控制线路原理图中所有电器的触点都处于静态位置,即电器的线圈中没有通电,触头没有任何动作的位置,按钮没有受到压力的位置。

### 2.8.3 仪器设备

| 名 称 | 型号规格 | 数 量 | 名 称 | 型号规格 | 数 量 |
| --- | --- | --- | --- | --- | --- |
| 异步电动机 | JWB-4 | 1 | 热继电器 | JR-16 | 1 |
| 交流接触器 | CJO-10A | 2 | 三相隔离开关 | 15A | 1 |
| 按钮 | LA-18 | 3 | 接线叉 | 大号 | 25 |

### 2.8.4 实验步骤和记录

接线要求:

先接三相交流主电路:从三相隔离开关下面的 3 个相线接柱接起,用 3 根导线接到交

流接触器的3个主触头。最后接到电动机上。

再接单相控制电路:从3根电源线的任一根相线接起,按接线图逐步接到相应的电器,最后接到另一根相线上。

本实验包括3个内容:异步电动机的点动控制;单相启动控制;正、反控制。

**1. 异步电动机的点动控制**

(1) 用万用表点动查明在实验桌上各电器的常开触点、常闭触点和线圈对应的接线柱。

(2) 在断开电源的情况下,用手将接触器的铁芯反复按下、松开,并用万用表电阻挡检查常开、常闭触点的接触情况。

(3) 按图 2.8.1 接线。

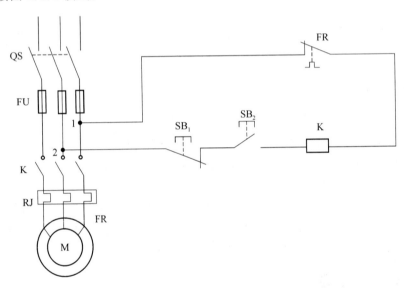

图 2.8.1 异步电动机点动控制线路

① 检查控制电路

用万用表电阻挡,将表笔接到1、2端,按下 $SB_2$,控制电路应该导通,且电阻很小,在按下 $SB_2$ 的情况下,再按下 $SB_1$,控制电路应该断开。

② 点动控制

在控制电路工作正常的情况下,合上电源开关 QS,按下启动按钮 $SB_2$,观察电动机的运行情况。松开 $SB_2$,电动机应该停止运转。

**2. 异步电动机单相启动控制**

按图 2.8.2 接线,即在异步电动机点动控制线路的基础上,将接触器 K 的常开辅助触头与启动按钮 $SB_2$ 并联,以实现自锁。

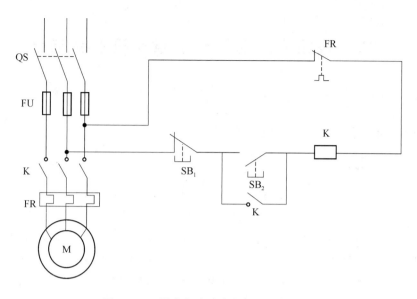

图 2.8.2 异步电动机单向启动控制线路

**注**：改接线路时，应先切断电源。

接通电源，按下启动按钮 $SB_2$，观察电动机运转情况，如属正常，电动机应该连续运转。按下停止按钮 $SB_1$，电动机应该停止运转。

**3. 异步电动机的正、反转控制**

按图 2.8.3 接线，即在单向启动控制电路的基础上，再接入由交流接触器 $K_F$ 组成的反转控制的电路。

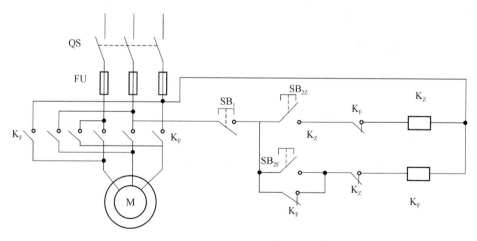

图 2.8.3 鼠笼异步电动机正反转控制线路

## 2.9 按顺序启动的异步电动机控制电路

### 2.9.1 实验目的

学习异步电动机按顺序起停的控制电路的连接。

### 2.9.2 原理说明

在生产实践中常常会遇到要对若干台电动机实行程序和协调控制,如图 2.9.1 所示的电路是首先启动电动机 $M_1$,然后才能启动电动机 $M_2$;而停转时,只能先停转电动机 $M_2$,然后才能停转电动机 $M_1$,也就是说这是按顺序启动和按顺序停转电动机的控制电路。图 2.9.2 为自动延时控制两台电动机按顺序启动的控制电路,启动过程是按下 $SB_2$ 启动电动机 $M_1$,此时 $K_1$ 和 SJ 线圈同时通电,经过一定延时时间,时间继电器的延时闭合的常开触头 SJ 闭合,电动机 $M_2$ 自行启动。

### 2.9.3 仪器设备

| 名　称 | 型号规格 | 数　量 | 名　称 | 型号规格 | 数　量 |
| --- | --- | --- | --- | --- | --- |
| 异步电动机 | TW9B-4 | 1 | 时间继电器 | JS-7 | 1 |
| 交流接触器 | CJO-10A | 2 | 三相隔离开关 | 15A | 1 |
| 按钮 | LA-18 | 3 | 接线叉 | 大号 | 25 |

### 2.9.4 实验内容

按顺序手动启动与停转电动机的控制电路。

按图 2.9.1 所示控制电路接线,接线顺序如下所示。

首先按图将控制电路连接起来,用万用表电阻挡检查控制电路,如属正常,则接通电源按下 $SB_{12}$,再按 $SB_{22}$,观察各接触器是否工作正常,若工作正常,断开电源。

其次连接主电路。接好线路后,用万用表电阻挡检查火线之间有无短路现象,然后检查每个主触头是否接触良好,检查方法与实验 2.8 相同。

经上述步骤检查确属正常,可合上电源开关,按下 $SB_{12}$,然后按 $SB_{22}$,观察电动机是否按顺序启动。

按 $SB_{11}$ 不能使电动机 $M_1$ 停转。

按 $SB_{21}$ 则电动机 $M_2$ 应停转,然后再按下 $SB_{11}$ 则电动机 $M_1$ 应停转。

按图 2.9.2 接线。先接控制电路。线路接好后,用万用表电阻挡检查各部分是否正常工作。然后再接通电源,按下 $SB_2$,观察接触器 $K_1$ 动作后,经过延时,接触器 $K_2$ 的动作情况。再断开电源。

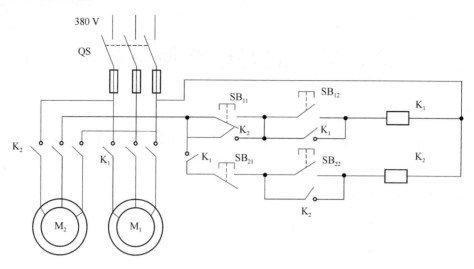

图 2.9.1 按顺序启/停电动机的控制线路

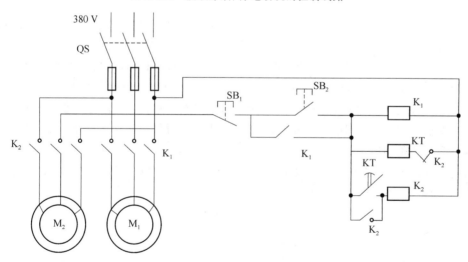

图 2.9.2 时间继电器控制线路

其次接主电路。主电路接好后经万用表检查工作正常后,接通电源。按下 $SB_2$,观察一台电动机启动后,经过延时另一台电动机启动的情况。

按下 $SB_1$ 后,两台电动机停止运行。

# 第 3 章　动态电路测试技术

## 3.1　一阶网络的零状态响应及零输入响应

### 3.1.1　实验目的

1. 学习使用示波器观察分析电路的响应。
2. 研究 RC 电路在方波激励下响应的基本规律和特点。

### 3.1.2　原理说明

1. 零输入响应：一阶网络在没有输入信号作用时，仅由电路是动态元件的初始储能所产生的响应，就是零输入响应。

如图 3.1.1 所示：电容器上的端电压 $U_C$，是一个随时间衰减的指数函数，其衰减速度决定于电路的参数 $\tau$，时间常数 $\tau$ 越小，电压衰减越快。反之，时间常数 $\tau$ 越大，电压衰减越慢。由此可见，RC 电路的零输入响应由电容器的初始电压 $U_0$ 和时间常数 $\tau$ 来确定。

2. 零状态响应：一阶网络中，动态的初始储能为零时仅由施加于网络的输入信号产生的响应即为一阶网络零状态响应。如图 3.1.2 所示：电容器上的端电压 $U_C$，是随着时间增长指数规律上升，其上升速度取决于时间常数 $\tau$ 大小，时间常数 $\tau$ 越小，$U_C$ 上升越快，反之，时间常数 $\tau$ 越大，$U_C$ 上升越慢。

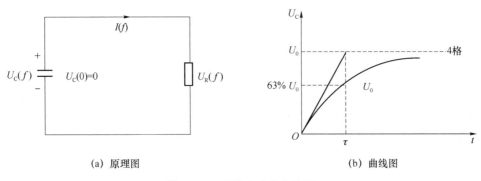

(a) 原理图　　　　　　　(b) 曲线图

图 3.1.1　零输入响应实验图

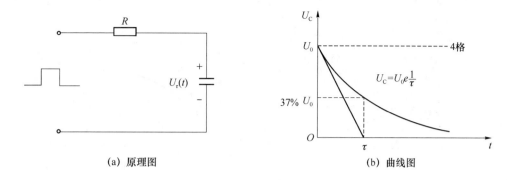

(a) 原理图  (b) 曲线图

图 3.1.2　零状态响应实验图

### 3.1.3　实验内容

按图 3.1.3 接线。

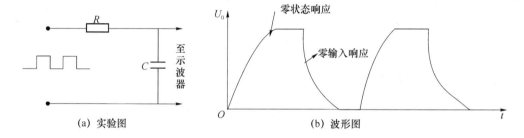

(a) 实验图  (b) 波形图

图 3.1.3　零状态响应及零输入响应实验图

1. 用示波器观察 RC 电路波形（绘出波形图）。从响应波形中估算时间常数 $\tau$。
2. 改变 $L$、改变 $R$（$C$ 固定不变）和改变 $C$（$R$ 固定不变）分别观察波形变化。

步骤：

1. 校准方波输出频率 $f$(1 kHz)（半波占 5 格）(0.1 ms/格)。
2. 接入 RC 电路，输出方波最大幅值调到 4 倍。
3. 在 $R$、$C$ 不同数值下波形（$L$ 值）。

(1) $C = 0.22\ \mu\text{F}$，$R = 1、2、3、4、5\ \text{k}\Omega$；

(2) $C = 0.047\ \mu\text{F}$，$R = 0.6、0.7、0.8、0.9、1\ \text{k}\Omega$，

时间常数 $\tau$ 估算曲线如图 3.1.4 所示。

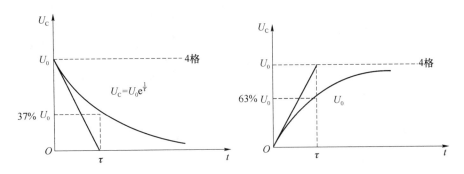

图 3.1.4 时间常数 τ 估算曲线

### 3.1.4 仪器设备

| 名　　称 | 型号规格 | 数　量 | 名　　称 | 型号规格 | 数　量 |
|---|---|---|---|---|---|
| 低频信号发生器 | DX7S 型 | 1 | 示波器 | SR8 型 | 1 |
| 可调电阻箱 | 0～9 kΩ | 1 | 电容负载 | 自制 | 1 |

### 3.1.5 报告要求

1. 理论计算 τ 与波形估算 τ 进行比较（$C_1 = 0.22\ \mu F, R_1 = 2\ k\Omega, C_2 = 0.047\ \mu F, R_2 = 0.8\ k\Omega$）。
2. 分析 $R$、$C$ 变化时波形变化的规律。
3. 上实验课要求带坐标纸。

## 3.2　二阶网络方波响应的研究

### 3.2.1 实验目的

1. 研究二阶网络方波响应的基本规律特点。
2. 了解网络参数对响应的影响。
3. 提高和巩固使用示波器和信号发生器的能力。

### 3.2.2 原理说明

解微分方程：

$$L_C \frac{d^2 U_C}{dt^2} + RC \frac{dU_C}{dt} + U_C = 0$$

$$P_1 = \frac{R}{-2L} + \sqrt{\left(\frac{R}{2L}\right)^2 - \left(\frac{1}{LC}\right)^2}$$

$$P_2 = \frac{R}{-2L} - \sqrt{\left(\frac{R}{2L}\right)^2 - \left(\frac{1}{LC}\right)^2}$$

令

$$a = \frac{R}{2L}$$

则

$$\omega_0 = \frac{1}{LC}$$

$$P_1 = -a + \sqrt{a^2 - \omega_0^2} \quad P_2 = -a - \sqrt{a^2 - \omega_0^2}$$

图 3.2.1 所示为从示波器上所观察到的 3 种波形。

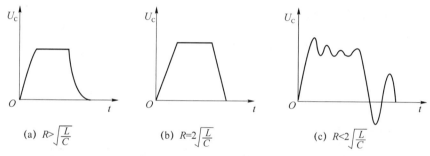

图 3.2.1 波形图

测量欠阻尼时的 $\omega_d = \sqrt{\omega_0^2 d^2}$，即衰减欠阻尼振荡图如图 3.2.2 所示。

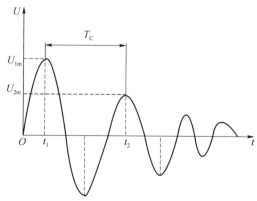

图 3.2.2 衰减欠阻尼振荡图

振荡频率：

$$T_a = 2\pi/\omega_0 = t_2 - t_1$$

$$a = \frac{1}{T_d} \ln \frac{U_{1m}}{U_{2m}}$$

### 3.2.3 实验内容

按图 3.2.3 接线。

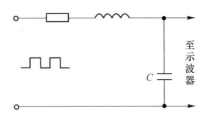

图 3.2.3 二阶方波响应实验图

1. 标准方波输出频率 $1\,\text{kHz}$（5 格：$0.2\,\text{ms}$/格）。
2. $L=10\,\text{mH}$，$R=100\,\Omega$，$C=0.001\sim0.003\,\mu\text{F}$
3. 观察波形，估算 $\omega_\text{d}(a)$。
4. 改变 $R$，观察 3 种情况（过阻尼 $R>\sqrt{\dfrac{L}{C}}$、临界 $R=2\sqrt{\dfrac{L}{C}}$、欠阻尼 $R<2\sqrt{\dfrac{L}{C}}$）下的输出波形。
5. 在电容 $C$ 两端并一个 $200\,\Omega$ 的电阻，观察输出波形是否还振荡。

### 3.2.4 仪器设备

| 名　称 | 型号规格 | 数　量 | 名　称 | 型号规格 | 数　量 |
| --- | --- | --- | --- | --- | --- |
| 低频信号发生器 | DX7S 型 | 1 | 示波器 | SR8 型 | 1 |
| 可调电阻箱 | 0～9 kΩ | 1 | 电容负载 | 自制 | 1 |
| 瓷盘电阻器 | 自制 | 1 | 电感箱 | 自制 | 1 |

### 3.2.5 报告要求

1. 把观察到的各个波形（3 种情况）分别绘制到坐标纸上，并结合元件参数，加以分析讨论。
2. 根据实验参数，计算欠阻尼情况下方波响应中的 $\omega_\text{d}$ 的数值和 $a$ 的数值。并与实测相比较。
3. 讨论上述步骤中观测到的现象。

## 3.3　$R$、$L$、$C$ 串联电压谐振电路

### 3.3.1 实验目的

1. 测定 $R$、$L$、$C$ 串联电路的谐振曲线，加深对电压谐振电路特点的了解。

2. 学习晶体管毫伏表及音频信号发生器的使用。

### 3.3.2 原理说明

在由线型电阻、电感和电容组成的串联正弦电路中,感抗和容抗相互补偿,电抗 $X = \omega L - 1/\omega C = X_L - X_C$,当 $X_L = X_C$ 时,电路中的电流与外施电压同相,电路发生电压谐振。谐振时电路中的电流达到最大值 $I_0 = U/R$。要满足 $X_L = X_C$ 条件,可改变 $L$、$C$、$f$ 来达到。本实验是借改变外施电压的频率,使之满足 $f = \dfrac{1}{2\pi\sqrt{LC}}$ 即 $\omega = \omega_0 = \dfrac{1}{\sqrt{LC}}$ 来达到,其中,$f_0$ 为谐振频率。

电路中电流的有效值 $I = \dfrac{U}{\sqrt{R^2 + \left(\omega L + \dfrac{1}{\omega C}\right)^2}}$,当 $U$、$R$、$L$ 和 $C$ 都为定值时,电流随频率 $f$ 的改变的曲线如图 3.3.1 所示。$I$-$f$ 随之改变,$R$ 愈小,曲线的尖锐程度愈大。

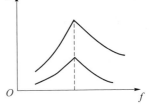

图 3.3.1 $I$-$f$ 曲线

### 3.3.3 实验内容

1. 按图 3.3.2 接线,先用第一组参数(即:$R_1 = 100\ \Omega$,$L = 0.1\ H$,$C = 2\ \mu F$),用晶体管毫伏表监视,使音频信号发生器输出电压为 5 V。以后维持这个电压不变,改变频率 $f$,测出在不同频率下的 $U_R$、$U_L$、$U_C$,分别填入表 3.1.1 中。

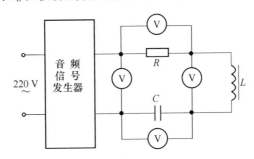

图 3.3.2 $R$、$L$、$C$ 串联电压谐振实验图

**表 3.1.1 第一组参数实验结果记录表**

| $f$/Hz | | | | | | | | | |
|---|---|---|---|---|---|---|---|---|---|
| $U_C$/V | | | | | | | | | |
| $U_L$/V | | | | | | | | | |
| $U_R$/V | | | | | | | | | |

2. 用第二组参数（$R_2=200\ \Omega, L=0.1\ \text{H}, C=2\ \mu\text{F}, U=5\ \text{V}$）重做上述实验，并将结果填入表 3.1.2 中。

表 3.1.2　第二组参数实验结果记录表

| $f/\text{Hz}$ | | | | | | | |
|---|---|---|---|---|---|---|---|
| $U_C/\text{V}$ | | | | | | | |
| $U_L/\text{V}$ | | | | | | | |
| $U_R/\text{V}$ | | | | | | | |

### 3.3.4　仪器设备

| 名　称 | 型号规格 | 数　量 | 名　称 | 型号规格 | 数　量 |
|---|---|---|---|---|---|
| 音频信号发生器 | XD7S 型 | 1 | 晶体管毫伏表 | DA-16 型 | 1 |
| 电阻箱 | 自制 | 1 | 电容箱 | SDDJ-Y 型 | 1 |
| 标准电感 | 0.1 H | 1 | - | - | - |

### 3.3.5　注意事项

1. 在谐振频率附近，应多取几个数据。
2. 每次改变频率时，均应调节电源电压使它保持定值（选 $U=5\ \text{V}$）。
3. 音频信号发生器上电压表的读数仅作参考，须另用晶体管毫伏表测出电压。

### 3.3.6　思考问题

1. 如何判断 $R$、$L$、$C$ 串联电路已达到电压谐振？
2. 谐振时，电容电压 $U_C$ 的数值会超过电源电压吗？
3. 串联谐振中的 $Q$ 值有何实用意义？请举例说明。

### 3.3.7　报告要求

1. 绘出第一组参数和第二组参数的 $I$-$f$ 电流谐振曲线，电流可通过公式 $I=U_R/R$ 算出。
2. 绘出第一组参数的 $U_C$-$f$，$U_L$-$f$ 电压谐振曲线。
3. 绘出第一组参数的 $X_C$-$f$，$X_L$-$f$ 电抗频率特性曲线。$X_C$ 和 $X_L$ 的计算方法为：

$$X_C = \frac{U_C}{I} = \frac{U_C}{\frac{U_R}{R}} = \frac{U_C}{U_R}R$$

$$X_L = \frac{U_L}{I} = \frac{U_L}{\frac{U_R}{R}} = \frac{U_L}{U_R}R$$

4. 从电路谐振曲线,找出谐振频率 $f_0$ 并从电抗频率特性曲线上求出电路品质因数 $Q(Q=\omega L/R)$,并与理论计算值相比较。

5. 在本实验中,发生串联谐振时,电阻 $R$ 上的电压为什么与电源电压不相等?试分析之。

## 3.4 受控源

### 3.4.1 实验目的

1. 了解受控源的特性。
2. 测试几种受控源的控制系数和负载特性,初步掌握含有受控源线形电路的分析方法。

### 3.4.2 原理说明

受控源是一种非独立电源,它的电压或电流受到电路中其他部分的电压或电源控制,根据控制量的不同,受控源可分为:电压控制电压源(VCVS);电流控制电流源(CCVS);电压控制电流源(VCCS);电流控制电流源(CCCS)。

所谓理想受控电压源,是指其输出电阻为零,输入电阻无穷大,实际的受控源,无论是何种类型都具有一定的输入电阻和输出电阻。

本实验可用运算放大器来实验,运算放大器是一种高增益、高输入电阻和低输出电阻的放大器。

### 3.4.3 实验内容

**1. 测试 VCVS 特性和 VCCS 特性**

按图 3.4.1 接线,将测量数据填入表 3.4.1,表 3.4.2。

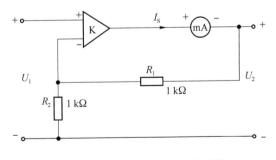

图 3.4.1 VCVS 及 VCCS实验图

表 3.4.1　VCVS 测量数据表

| $U_1/V$ | 0.5 | 1 | 1.5 | 2 | 2.5 | 3 |
|---|---|---|---|---|---|---|
| $U_2/V$ | | | | | | |
| $\mu = U_2/U_1$ | | | | | | |

表 3.4.2　VCCS 测量数据表

| $U_1/V$ | 0.5 | 1 | 1.5 | 2 | 2.5 | 3 |
|---|---|---|---|---|---|---|
| $U_2/V$ | | | | | | |
| $\mu = U_2/U_1$ | | | | | | |

**2. 测试 CCVS 特性**

按图 3.4.2 接线,将测量数据填入表 3.4.3。

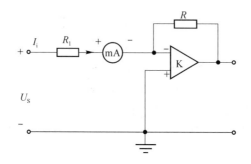

图 3.4.2　CCVS 实验图

表 3.4.3　CCVS 测量数据表

| $R/k\Omega$ | 1 | 2 | 3 | 4 | 5 | 6 |
|---|---|---|---|---|---|---|
| $I_S/mA$ | | | | | | |
| $U_2/V$ | | | | | | |
| $I_m(U_2/I_1)$ | | | | | | |

**3. 测试 CCCS 特性**

按图 3.4.3 接线,将测量数据填入表 3.4.4。

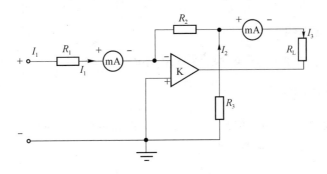

图 3.4.3 CCCS 实验图

图中：
$$R_2 = R_3 = R_L = 1 \text{ k}\Omega \quad U_S = 1.5 \text{ V}$$

表 3.4.4 CCCS 测量数据表

| $R/\text{k}\Omega$ | 0 | 0.5 | 0.8 | 1.0 | 1.2 | 1.5 |
|---|---|---|---|---|---|---|
| $I_1/\text{mA}$ | | | | | | |
| $U_2/\text{V}$ | | | | | | |
| $a = I_2/I_1$ | | | | | | |

将 CCCS 的负载特性填入表 3.4.5 图中：
$$U_1 = 1.5 \text{ V} \quad R_2 = 3 \text{ k}\Omega \quad R_2 = R_3 = 3 \text{ k}\Omega$$

表 3.4.5 CCCS 的负载特性

| | $I_1 = 0.5$ mA | | | | | |
|---|---|---|---|---|---|---|
| $R/\text{k}\Omega$ | 0 | 0.5 | 1 | 2 | 3 | 4 | 5 |
| $I_2/\text{mA}$ | | | | | | | |

## 3.4.4 仪器设备

| 名 称 | 型号规格 | 数 量 | 名 称 | 型号规格 | 数 量 |
|---|---|---|---|---|---|
| 直流稳压电源 | MCH-300 | 1 | 直流毫安表 | PA15 A | 1 |
| 直流电压表 | PZ114 | 1 | 可调电阻箱 | 自制 | 1 |
| 受控源实验装置 | - | 1 | - | - | - |

### 3.4.5 注意事项

注意仪器电源正、负极性,换接线路时,应先断开电源开关。

### 3.4.6 报告要求

1. 根据实验数据,绘制受控源的受控特性曲线和负载特性曲线。
2. 通过实验总结受控源的性质。

# 第4章 综合设计性实验测试技术

## 4.1 移相器的设计与测试

### 4.1.1 实验目的

1. 学习设计移相器电路的方法；
2. 掌握移相器电路的测试方法；
3. 通过设计、搭接、组装及调试移相器，培养设计能力和实践能力。

### 4.1.2 原理说明

线性时不变网络在正弦信号激励下，其响应电压、电流与激励信号源同频率的正弦量响应与频率的关系即为频率特性。它可用相量形式的网络函数来表示。在电气工程与电子工程中，往往需要在某确定频率正弦信号激励作用下获得有一定幅值、输出电压相对输入电压的相位差在一定范围内连续可调的响应（输出）信号。可用集成运放调节电路元件参数来实现。本实验电路如图4.1.1所示，LM741的管脚如图4.1.2所示。

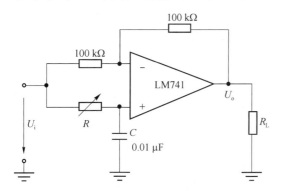

图 4.1.1 实验电路

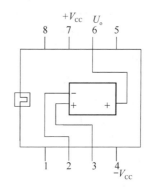

图 4.1.2 LM741管脚图

在图4.1.2中：2脚为反相输入端，3脚为同相输入端，6脚为输出端，4脚为负电源端，7脚为正电源端，1脚和5脚为失调调零端，8脚为空脚。

$$\left(\frac{1}{100}+\frac{1}{100}\right)\dot{U}_1-\frac{1}{100}\dot{U}_o=\frac{\dot{U}_i}{100}$$

$$2\dot{U}_1-\dot{U}_o=\dot{U}_i$$

$$\dot{U}_o=2\dot{U}_1=\dot{U}_i\cdots \qquad ①$$

$$\left(\frac{1}{R}+\mathrm{j}\omega C\right)\dot{U}_2=\frac{1}{R}\dot{U}_i$$

$$(1+\mathrm{j}\omega CR)\dot{U}_2=\dot{U}_i \qquad ②$$

$$\dot{U}_2=\frac{1}{1+\mathrm{j}\omega RC}\dot{U}_i\cdots \text{ (}R\text{ 以千欧计)}$$

理想运放 $\dot{U}_1=\dot{U}_2$。

②代入①得

$$\dot{U}_o=\left(\frac{2}{1+\mathrm{j}\omega RC}-1\right)\dot{U}_i$$

$$\frac{\dot{U}_o}{\dot{U}_i}=\frac{1-\mathrm{j}\omega RC}{1+\mathrm{j}\omega RC}=1\angle-2\varphi$$

$$\varphi=\tan^{-1}\omega RC$$

当 $R=0$ 时,$\varphi=0$,$-2\varphi=-180°$,输出电压 $\dot{U}_o$ 与输入电压 $\dot{U}_i$ 反相。当 $0<R<100\text{ k}\Omega$ 时,$2\varphi$ 在 $0°\sim180°$ 之间取值。

### 4.1.3 实验内容

**1. 任务**

(1) 设计一个由运放组成的移相器,该移相器输入正弦信号源电压 $U_i=6\text{ V}$,频率为 1 kHz,输出电压相对于输入电压的相移在 $0°\sim180°$ 围内可调。

(2) 设计计算元件值、确定元件、搭接电路,测试移相器是否满足设计要求。

**2. 实验步骤**

(1) 按图 4.1.1 搭接电路。

(2) 电阻 $R$ 选用 100 kΩ 电位器,$R_L$ 可用 100 kΩ,也可用其他阻值的电阻,但值不要太小,输入正弦信号频率为 1 kHz。

(3) 运放的电源电压用 +12 V 和 -12 V。

(4) 安装与测试。

(5) 分析测试结果是否符合要求,若不符合,调整电路后重新测试,直到符合为止。

(6) 写出实验报告。

### 4.1.4 仪器设备

信号发生器、双踪示波器、双路直流稳压电源。

### 4.1.5 报告要求

(1) 写出主要设计计算过程。
(2) 将对制作的移相器测试结果与设计计算结果加以比较,计算误差,分析产生误差的原因。

### 4.1.6 思考问题

(1) 理论分析计算实验图 4.1.1 所示移相电路输出电压与 $\dot{U}_\text{o}$。输入电压 $\dot{U}_\text{i}$ 之间的关系。

(2) 当用信号发生器给移相器提供信号源 $\dot{U}_\text{i}$,用示波器测试输出电压 $\dot{U}_\text{o}$ 与输入电压 $\dot{U}_\text{i}$ 的相位差及 $\dot{U}_\text{o}$ 的有效值时,如何设计测试电路,才能使示波器的输入端与信号源的输出端及被测电路有公共接地点,进行正常测试。

## 4.2 波形变换器的设计与测试

### 4.2.1 实验目的

(1) 学习波形变换设计与制作的方法。
(2) 掌握微分电路与积分电路的测试方法。
(3) 通过设计、安装及测试波形变换器,培养实践能力。

### 4.2.2 原理说明

**1. 微分电路**

在图 4.2.1 所示电路中,当时间常数 $\tau = RC$ 远小于输入信号 $U_\text{i}$ 周期时,且电阻上电压 $U_\text{o}$ 远小于电容上电压 $U_\text{C}$,于是有 $U_\text{o} = RC \dfrac{dU_\text{C}}{dt} = RC \dfrac{dU_\text{i}}{dt}$,即输出电压与输入电压的微分成正比,该电路称为微分电路。

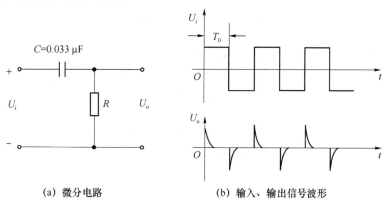

(a) 微分电路　　　　　　(b) 输入、输出信号波形

图 4.2.1　RC 微分电路

在方波作用的时间 $T_0$ 内,由于 $\tau \ll T_0$,电容器充电过程很快就结束,于是输出电压 $U_o$ 就是一个正向尖脉冲,而在方波结束时,电容器放电过程也很快结束,输出电压 $U_o$ 就是一个负向尖脉冲。

在设计微分电路时,通常使用电路的时间常数满足关系式:$5\tau \ll T_0$,若取电阻 $R = R_0$,则 $C \leqslant \dfrac{T_0}{5R_0}$。

图 4.2.2 所示为由运放组成的微分电路及其输入、输出信号波形。

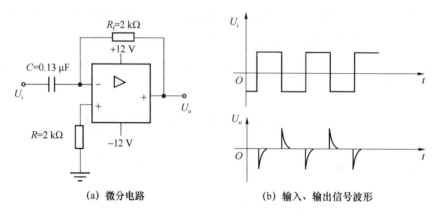

(a) 微分电路　　　　　　(b) 输入、输出信号波形

图 4.2.2　运放微分电路及输入、输出信号波形

$U_o = -R_f C \dfrac{\mathrm{d}U_i}{\mathrm{d}t}$,其中,$U_i$ 为方波,$f = 1\ \mathrm{kHz}$ 左右。

**2. 积分电路**

在图 4.2.3 所示电路中,当电路的时间常数 $\tau$ 远大于输入信号的时间 $T_0$ 且电容上电压远小于电阻上电压时,电容上电压 $U_o$ 可近似地正比于输入电压 $U_i$ 对时间的积分,即 $U_R = U_i$。

$$U_o = \dfrac{\int i(t)\mathrm{d}t}{C} = \dfrac{\int U_i \mathrm{d}t}{RC}$$

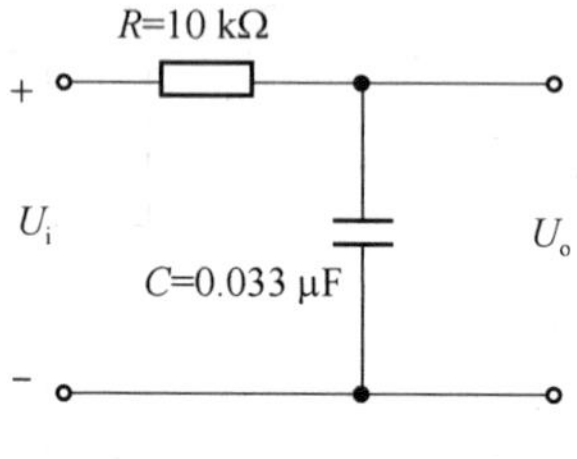

图 4.2.3　积分电路

积分电路是一种常用的波形变换器电路,它能将方波变成三角波。在图 4.2.4 所示积分电路中,当输入电压 $U_i$ 是宽度为 $T_0$ 的方波时,则输出电压 $U_o$ 为三角波。

通常将积分电路的时间常数设计大于脉冲宽度的 5 倍以上,即 $\tau = RC \gg 5T_0$。

用集成运放 LM741 组成的积分电路如图 4.2.4 所示。

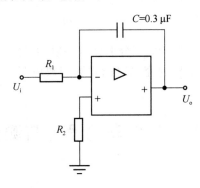

图 4.2.4 积分电路

$$U_o = \frac{\int U_i \mathrm{d}t}{RC}$$

$U_i$ 为方波

$$f = 300 \sim 380 \text{ kHz}$$
$$R_1 = R_2 = 51 \text{ k}\Omega$$

### 4.2.3 实验内容

1. 设计一个一阶 RC 微分电路,当输入信号为频率 5~10 kHz 的方波时,观测并记录该电路输入、输出波形建议取 $R = 100\ \Omega$、$2\ \text{k}\Omega$、$10\ \text{k}\Omega$。

2. 设计一个由 LM741 组成的微分电路,当输入信号频率为 1 kHz 的方波时,观测并记录该电路输入、输出波形。

3. 设计一个一阶 RC 积分电路,当输入信号频率是 5~10 kHz 的方波时,观测并记录该电路的输入、输出波形。

4. 设计一个由 LM741 组成的积分电路,当输入信号频率是 300~380 kHz 的方波时,观测并记录该电路的输入、输出波形。

### 4.2.4 仪器设备

信号发生器、双踪示波器、双路直流稳压电源。

### 4.2.5 报告要求

1.写出主要设计计算过程。

2. 画出测试线路图。

3. 分别将观测到的各种波形变换器的波形描绘在坐标平面内。对于不同参数的同一种波形变换器的输出波形要描绘在同一坐标平面内,比较其结果。

4. 说明积分电路中电阻 $R$ 值变化对输出波形的影响及其原因。

### 4.2.6 思考问题

1. 一阶 RC 微分电路或一阶 RC 积分电路与一般的一阶 RC 电路有何区别?

2. 如果将一阶 RC 积分电路的充电时间常数与放电时间常数设计得不一样,输出电压是什么波形?

## 4.3 万用表的设计与测量

### 4.3.1 实验目的

1. 了解电路设计的思路。
2. 通过该实验,巩固电路理论知识和提高综合应用知识的能力。
3. 能正确使用万用表,读懂万用表电路,具备初步的维修能力。

### 4.3.2 原理说明

万用表可以测量直流电压、直流电流、电阻等,具有多种用途,它有一个磁电系微安表头,由一些分流、分压电阻和转换开关等组成。

表头的作用是指示被测量的数值,转换开关的作用是用来改变内部测量电路的换接,以实现不同量程的切换,测量电路部分的作用是变换为表头工作的电压或电流。

### 4.3.3 实验内容

1. 在规定的学时内,完成一台指针式万用表的设计与测量任务。

具体要求如下:

(1) 表头参数:表头满偏转电流 $I_0 = 50$ A;表头等效电阻 $R_0 = 40$ kΩ。

(2) 直流电流设计测量量程为 $0.5$ mA、$0.75$ mA、$2.5$ mA,…

(3) 直流电阻设计测量 3 个量程为 10 V、50 V、250 V。

(4) 支流电阻设计测量 3 个量程为 $R \times 10$ Ω、$R \times 100$ Ω。

(5) 误差分析。

以上量程的测量相对误差和较大误差尽可能减小或控制在 10% 之内,最后对误差进行分析。

将给定电流为 $50$ μA、内阻为 $4$ kΩ 的电流表设计成 $500$ μA。

如图 4.3.1 中所示,$I_0$ 为表头满度电流,$r_0$ 为表头内阻;$R_{pn}$ 为限流总电阻。在实验

设计中取 $I_n=500\ \mu A$，由图 4.3.1 应用欧姆定律及基尔霍夫定律则可以计算出限流总电阻：

$$R_{pn}= I_0\times[r_0/(I_n-I_0)]$$

式中，$I_n$ 为所需扩大的电流量程设计值；$R$ 为扩大量程的分流电阻，应尽可能选择标称阻值的电阻。

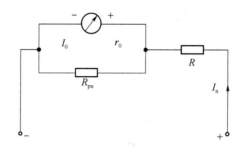

图 4.3.1　表头线路图

2. 直流电压档的设计测量

将给定电流为 $50\ \mu A$、内阻为 $4\ k\Omega$ 的电流表设计成量程为 $10\ V$、$50\ V$、$250\ V$ 的电压表。为达到扩大测量电压的范围，通常的做法是在电流表上串联适当的电阻进行分压，具体电路如图 4.2.2 所示。

多量程的电压表，其测量电路形式：一种是采用单个式倍率器，另一种是采用叠加式倍率器。本次设计指定采用叠加式，其利用率高，较为经济。图 4.3.2 中给出了两种电路的具体形式，按设计要求计算出各个量程中所附加的分压电阻 $R_{e1}$、$R_{e2}$、$R_{e3}$ 阻值。

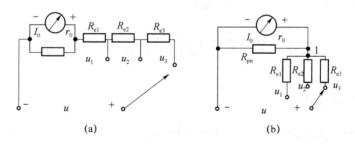

图 4.3.2　多量程电压表的两种电路

3. 直流电阻档的设计测量，图 4.3.3 为 $R\times 100\ \Omega$ 欧姆表的电路原理图，图中 $R_c$ 为调节电位器，$E$ 为欧姆表内置直流电源，ab 端为被测电阻 $R_x$ 的接入端钮，$R_g$ 为电位器 c 点与 a 点之间的等效电阻。

电路参数计算与选择：首先在系列值中若选定中心阻值 $R_T=2\ 500\ \Omega$，其次，确定内电源电热为 $E=1.5\ V$，再次，由 $R\times 100\ \Omega$ 计算 $R_c$ 值，ab 短接计算，由于 $R\times 100\ \Omega$ 挡中心阻值 $R_T=2\ 500\ \Omega$，所以可计算出其工作电流：$I = E/R_i$。

设调零电位器滑动点以上部分的电阻为 $x$。则表头支路电阻为 $r_0+x$，分流支路电阻为 $R_{pn}-x$，由基尔霍夫定律列出电压方程：

$$I_0(r_0+x) = (I-I_0)\times(R_{pn}-x)$$

即可解出 $x$ 值。

因为

$$R_i = R_g + R_c，而 R_g = (r_0+x)//(R_{pn}-x)$$

所以

$$R_c = R_i - R_g$$

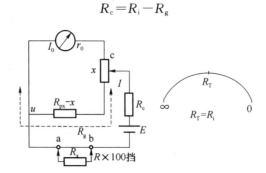

图 4.3.3 电阻线路图

### 4.3.4 报告要求

将设计方案、计算数据、实选元件参数、测量过程、测试结果、效验数据、误差分析和体会综合，书写成一篇完整的设计性实验报告。

## 4.4 循环灯电路的制作与调试

### 4.4.1 实验目的

通过对循环灯电路的制作，巩固所学电子线路知识，加深对放大电路理论知识的理解和掌握，学会许多元器件知识以及培养学生动手解决实际问题的能力。

### 4.4.2 原理说明

如图 4.4.1 所示，电路的核心是一个由 3 个三极管及外围电路组成的循环振荡器。当电源接通后，3 个三极管先后导通。由于 3 个三极管的参数、电容器及电阻器的参数不完全一致，所以它们不会同时导通。假如三极管 $VT_1$ 最先导通，它的集电极电压接近零电压后，使电容器 $C_2$ 的左端为零电压。因为电容器 $C_2$ 不能突变，因此三极管 $VT_2$ 的基极电压也被拉到接近于零电压，使得 $VT_2$ 不会再导通，而转为截止状态，此时发光二极管 $VD_2$ 点亮。$VT_2$ 的截止，使它的集电极电压接近电源电压，通过电容器 $C_2$ 的耦合作用使 $VT_3$ 的基极为高电压，三极管 $VT_3$ 因此处于导通饱和状态。这一过程的时间极短，此时 $VT_1$ 和 $VT_3$ 处于导通饱和状态，而 $VT_2$ 处于截止状态。随时间的延长，电源电压通过 $R_3$ 不断对 $C_2$ 进行充电，使 $VT_2$ 的基极电压不断升高，达到一定程度时，$VT_2$ 开始导通，并由截止状态变为导通饱和状态。它的集电极电压随着下降，通过 $C_3$ 的耦合作用使 $VT_3$ 的基极电压也下跳。这就使 $VT_3$ 由饱和状态变为截止状态。此时 $VT_1$ 和 $VT_2$ 都处于导通饱和状态，$VT_3$ 处于截止状态。紧接着电源通过 $R_5$ 对 $C_3$ 进行充电，使 $VT_3$ 的基极电压升高，$VT_3$ 开始导通并由截止状态变为导通饱和状态。通过 $C_1$ 的耦合作用使 $VT_1$ 的基极电压下跳，这样使 $VT_1$ 由饱和状态变为截止状态。此时 $VT_2$ 和 $VT_3$ 都处于导通饱和状态，而 $VT_1$ 处于截止状态。

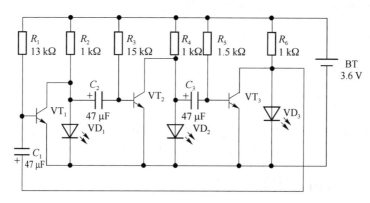

图 4.4.1　循环灯原理图

### 4.4.3　实验内容

1. 正确识别色环电阻的阻值。
2. 正确识别三极管的基极、发射极、集电极。
3. 正确识别电解电容、发光二极管的正、负极。
4. 用接线板按原理图搭接电路，然后接上电源，看电路是否正常工作。

### 4.4.4　仪器设备

直流稳压电源、万用表、接线板、电烙铁、电子器件一批、导线若干。

# 第 5 章　元件的识别

电路元器件是电气设备与电子产品中的基础,特别是一些基本的、通用的元器件是必不可少的组成部分。熟悉和掌握各个种类元器件的性能、特点、使用范围及其检测方法等,对设计、制作与调试电气设备、部件或电子产品有十分重要的意义。本章简单介绍常用电路元器件及设备的类别、性能及其检测方法,以便学生了解这方面的实际知识,便于今后设计、制作及调试中选用元器件与使用设备。

## 5.1　电 阻 器

### 5.1.1　电阻的定义

电阻是电路的基本元件之一,它是从实际电阻器中抽象出来的模型,在关联参考方向下,可以用欧姆定律 $U(t)=RI(t)$ 来定义电阻元件。当 $U,I$ 是常数时,可表示为 $U=IR$。

### 5.1.2　电阻器的符号及功能

电阻器在电路图中用字母 $R$ 表示,基本单位是 $\Omega$(欧姆),辅助单位有 $m\Omega$、$k\Omega$、$M\Omega$ 和 $G\Omega$,进率为 $10^3$。常用的图形符号如图 5.1.1 所示。

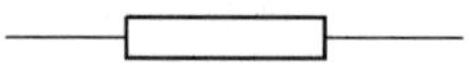

图 5.1.1　电阻器的图形符号

电阻器是一种耗能器件,具有一定功率。在常态下有固定的阻值,广泛应用于电子产品的各个领域,是一种常用的电子器件。电阻器在电路中对电流起阻碍作用,主要用做电路的负载、分流、限流、分压等。

### 5.1.3　电阻器的分类

固定电阻器的种类很多,经常用到的有:线绕电阻器(RX),薄膜电阻器(RT 或 RJ)和实芯电阻器(RS)等几种。

### 5.1.4　电阻器的主要技术指标

**1. 额定功率**

电阻器的额定功率是指在标准大气压和一定的环境温度下能长期连续承载而不改变

其性能时所允许的功率。不同类型的电阻器有不同系列的额定功率。最常用的一般在 1/8～2 W 之间。在电子电路中要十分重视电阻器自身的发热问题，在选择电阻的功率时，应使其额定功率值高于其在电路中的实际值 1.5～2 倍以上。

**2. 标称值**

电阻器表面所标的阻值称为标称值。标称值是按国家规定标准化了的电阻值系列值，不同精度等级的电阻器有不同的阻值系列，如表 5.1.1 所示。

表 5.1.1 电阻器标称值系列

| 标称阻值系列 | 精度 | 精度等级 | 电阻器标称值 |
|---|---|---|---|
| E24 | ±5% | Ⅰ | 1.0 1.1 1.2 1.3 1.5 1.6 1.8 2.0 2.2 2.4<br>2.7 3.0 3.3 3.6 3.9 4.3 4.7 5.1 5.6 6.2<br>6.8 7.5 8.2 9.1 |
| E12 | ±10% | Ⅱ | 1.0 1.2 1.5 1.8 2.2 2.7 3.3 3.9 4.7 5.6<br>6.8 8.2 |
| E6 | ±20% | Ⅲ | 1.0 2.2 3.3 4.7 6.8 |

使用时可将表中所列数值乘以 $10^n$（$n$ 为整数），例如，"1.2"包括 1.2 Ω、12 Ω、120 Ω、1.2 kΩ、12 kΩ、120 kΩ、1.2 MΩ 等阻值系列。

**3. 电阻器的准确度**

电阻器实际阻值与其标称值间允许的相对误差范围称为电阻器的准确度。常用电阻器的准确度分 5 个等级。如表 5.1.2 所示。常用的多为Ⅰ级或Ⅱ级。

表 5.1.2 电阻器的准确度等级

| 允许误差 | ±0.5% | ±1% | ±5% | ±10% | ±20% |
|---|---|---|---|---|---|
| 级别 | 005 | 01 | Ⅰ | Ⅱ | Ⅲ |

## 5.1.5 电阻器的标示方法

电阻器的标示方法有直标法和色标法。

直标法是将元件值和允许的相对误差等级直接用文字印在元件上；色标法是在元件的一端用 5 道色环来代表元件值用其准确度等级，如图 5.1.2 所示。5 道色环电阻器的第 1、第 2、第 3 道色环表示有效数字，第 4 道色环表示乘数，第 5 道色环表示允许误差。色环的颜色所代表的数字如表 5.1.3 所示。

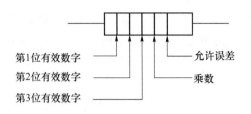

图 5.1.2　标称阻值

表 5.1.3　色码对应的数值

| 颜色 | 棕 | 红 | 橙 | 黄 | 绿 | 蓝 | 紫 | 灰 | 白 | 黑 | 金 | 银 | 艳 |
|---|---|---|---|---|---|---|---|---|---|---|---|---|---|
| 有效数字 | 1 | 2 | 3 | 4 | 5 | 6 | 7 | 8 | 9 | 0 | - | - | - |
| 乘数 | $10^1$ | $10^2$ | $10^3$ | $10^4$ | $10^5$ | $10^6$ | $10^7$ | $10^8$ | $10^9$ | $10^0$ | $10^{-1}$ | $10^{-2}$ | - |
| 允许偏差(±1%) | 1 | 2 | - | - | 0.5 | - | - | - | - | 5 | 10 | 20 |

识别一个色环电阻器的标称值和精度,首先要确定首环和尾环。首、尾环确定后,就可按照按图 5.1.2 中每道色环所代表的意义读出标称值和精度。

按照色环的印制规定,离电阻器端边最近的为首环,较远的为尾环。5 环电阻器中,尾环的宽度是其他环的 1.5～2 倍。

例如,一电阻器的色环为棕、紫、绿、金、棕,则这个电阻器的标称值为 17.5 Ω,允许误差为±1%。

## 5.2　电 位 器

电位器的阻值可在一定的范围内变化,一般有 3 个端子:两个固定端、一个滑动端。电位器的标称值是两个固定端的电阻值,滑动端可在两个固定端之间的电阻体上滑动,使滑动端与固定端之间的电阻值在标称值范围内变化。

### 5.2.1　电位器的表示法

电位器用字母 RP 表示,电路符号如图 5.2.1 所示。

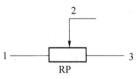

图 5.2.1　电位器符号

电位器常用做可变电阻或用于调节电位。有的家用电器和测量仪器的调节旋钮就是一个电位器,如电视机中的亮度、对比度调节都是通过电位器来完成的。

当电位器作为可变电阻使用时,连接如图 5.2.2(a)所示,这时将 2 和 3 两端连接,调节 2 点位置,1 和 3 端的电阻值会随 2 点的位置而改变。

用做调节电位时,连接如图 5.2.2(b)所示,输入电压 $U_i$ 加在 1 和 3 端,改变 2 点的位置,2 点的电位就会随之改变,起到调节电位的作用。

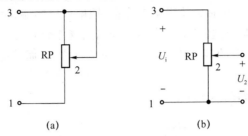

图 5.2.2 可调电阻与电位器

### 5.2.2 电位器的分类

电位器的种类很多,用途各不相同,通常可按其材料、结构特点、调节机构、运动方式等进行分类。

按电阻材料可分为薄膜和线绕两种。薄膜电位器又分为小型碳膜电位器、合成碳膜电位器、有机实芯电位器、精密合成膜电位器和多圈合成电位器等。按调节机构的运动方式可分为旋转式和滑动式,按阻值变化规律可分为线性和非线性等。

薄膜电位器的阻值范围宽、分布电容和分布电感小,但噪声较大、额定功率较小,多应用于家用电器中。线绕电位器额定功率大、噪声低、温度稳定性好,但制作成本高、阻值范围小,分布电容和分布电感大,一般应用于电子仪器中。

电位器的性能指标除了和电阻器一样,有电阻标称值、额定功率、最高工作电压和准确等级外,还有电阻值变化的规律。带开关的电位器还有开关电压及载流量的限制。

## 5.3 电 容 器

电容器是电子电路中的主要元件之一。按其用途、结构、材料分类,电容器的品种规格繁多。

### 5.3.1 电容器的分类

**1. 电容器按其结构分**

(1) 固定电容器,其电容器是不可调的;
(2) 微调电容器,其电容器可以在一个小范围内进行精细的调整;
(3) 可变电容器,其电容器可在一定范围内连续可调。

**2. 电容器按其材料分**

(1) 有机介质电容器,其中包括纸介质电容器、有机薄膜介质电容器;
(2) 无机介质电容器,其中包括云母介质电容器、瓷介质电容器、玻璃介质电容器等;
(3) 电解电容器,其中包括铝质电解电容器、钽电解电容器和铌电解电容器等;
(4) 空气介质电容器,有些可变电容器是采用空气作介质的。

一般说来,电解电容器的容量较大,且具有正负极之分,而其他电容器的容量较小,且无正负极性之分。

电容器的电路符号如图 5.3.1 所示。

(a) 固定电容器　　(b) 微调电容器　　(c) 可变电容器　　(d) 电解电容器

图 5.3.1　电容器符号

### 5.3.2　电容器的主要技术指标

**1. 额定电压**

电容器的额定电压是指在规定环境温度下,电容器能长期连续工作而不被击穿的电压。它随电容器的类别不同而有所区别。额定电压的数值通常都在电容器上直接标出。表 5.3.1 给出了常用电容器的额定电压系列。表中所列各数值的单位为 V,有"＊"号者是限于电解电容器专用。

表 5.3.1　常用电容器的额定电压系列

| 1.6 | 4 | 6.3 | 10 | 16 | 25 | 32＊ | 40 | 50＊ | 63 |
|---|---|---|---|---|---|---|---|---|---|
| 100 | 125＊ | 160 | 250 | 300＊ | 400 | 450＊ | 500 | 630 | 1 000 |

**2. 标称容量**

电容器的标称容量常以皮法(pF)、纳法(nF)、微法($\mu$F)、法(F)为单位,它们之间的进率为:$1\text{ F}=10^6\ \mu\text{F}=10^9\text{ nF}=10^{12}\text{ pF}$。对于皮法级的电容器,常不标注单位,只标数值。

电容器的准确度定义与电阻器的准确度定义相同,其等级如表 5.3.2 所示。

表 5.3.2　电容器的准确度等级

| 允许误差 | ±2% | ±5% | ±10% | ±20% |
|---|---|---|---|---|
| 级别 | 0.2 | Ⅰ | Ⅱ | Ⅲ |

### 5.3.3　电容器的标注方法

电容器的标注方法是直接标注,就是用字母或数字将电容器有关的参数标注在电容器表面上。

用数字标注容量有以下几种方法。

1. 只标数字,如 4 700,300,0.22,0.01。此时指电容的容量是 4 700 pF,300 pF,0.22 μF,0.01 μF。

2. 用"n"标注,如 10 n,100 n,4 n7。它们的容量是 0.01 μF,0.1 μF,4 700 pF。

3. 另一种表示方法是用 3 位数码表示容量大小,单位是 pF,前两位是有效数字,后一位是零的个数。

例:102,它的容量为 $10×10^2$ pF=1 000 pF,读做 1 000 pF。
　　103,它的容量为 $10×10^3$ pF=1 000 pF,读做 0.01 μF。
　　473,它的容量为 $47×10^3$ pF=47 000 pF,读做 0.047 μF。

### 5.3.4　电容器的选用

电容器的种类繁多,性能指标各异。设计电路时,要在满足电路要求的前提下综合考虑电容器的体积、重量、可靠性、成本等各方面的因素,合理选用电容器。为此,应了解每个电容器在电路中的作用,明确电路设计对电容器的要求,才能达到选用的目的。

### 5.3.5　电容器的性能测量

要准确测量电容的容量,需要专用的电流表。有的数字万用表也有电容挡,可以测量电容值。通常可用模拟万用表的电阻挡测量电容的性能好坏。

1. 用万用表的电阻挡检测电容器的性能,要选择合适的挡位。大容量的电容器,应选小电阻挡;反之,选大电阻挡。一般 50 μF 以上的电容器宜选用 $R×100$ Ω 或更小的电阻挡,1～50 μF 之间用 $R×1$ k 挡;1 μF 以下用 $R×10$ k 挡。

2. 检测电容器的漏电电阻的方法。用万用表的表笔与电容器的两引线接触,随着充电过程结束,指针应回到接近无穷大处,此处的电阻值即为漏电电阻。一般电容器的漏电电阻为几百至几千兆欧姆。测量时,若表针指到或接近欧姆零点,表明电容器内部短路;若指针不动,始终指在无穷处,则表明电容器内部开路或失效。对于容量在 0.1 μF 以下的电容器,由于漏电电阻接近无穷大,难以分辨,故不能用此方法检查电容器内容是否开路。

## 5.4　电 感 器

电感器又称电感线圈,由绕在支架或磁性材料上的导线组成,是储能器件。

### 5.4.1　电感的定义

电感元件是从实际电感器抽象出来的模型,其定义可由下式表示:

$$L = \frac{\Phi(t)}{i(t)}$$

即电感是载流线圈的磁通量 $\Phi$ 与线圈中电流 $i$ 的比值(单位电流产生的磁通)。

### 5.4.2 电感的符号及用途

电感在电路中用字母 $L$ 表示,它的图形符号如图 5.4.1 所示。

空心电感器　　　磁芯电感器　　　磁芯可调电感器

图 5.4.1　电感器符号

电感具有通直流、阻交流的特性,其上电压与通过电流满足下面的约束关系,即

$$U(t) = L \frac{\mathrm{d}i(t)}{\mathrm{d}t}$$

上式说明,电感上的电压与通过的电流无关,只与电流的变化率有关,这正反映出了它通直阻交的特性。电感也是动态元件。

电感器主要用于耦合、滤波、延迟、补偿、陷波、组成谐振电路等。

### 5.4.3 电感器的分类

电感器的种类很多,可按不同的方式分类。按结构可分为空心电感器、磁芯电感器、铁芯电感器,按功能可分为振荡线圈、耦合线圈、偏转线圈。一般低频电感器大多采用铁芯或磁芯,而中高频电感则采用空心或高频磁芯。

### 5.4.4 电感器的主要参数

电感器的主要参数有电感量、品质因数、标称电流、分布电容等。

**1. 电感量**

电感量用 $L$ 表示,单位为 H(亨利),辅助单位有 mH(毫亨)和 μH(微亨)等,它们之间的关系是 $1\text{ H} = 10^3\text{ mH} = 10^6\text{ μH}$。

同电阻、电容器的一样,商品电感器的标称电感量也有一定误差,常用电感器误差在 5%～20% 之间。

**2. 品质因数**

电感线圈的品质因数($Q$ 值)是反映线圈质量的一个参数,$Q$ 值越高,损耗功率越小,电路效率越高,选择性越好。

**3. 额定电流**

额定电流是线圈允许通过的最大电流。

**4. 分布电容**

电感器并非理想器件,线圈匝与匝之间、层与层之间、绝缘层和骨架之间都存在着分布电容,其等效电路可用图5.4.2表示。

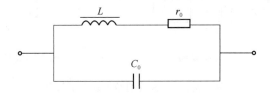

图 5.4.2 实际电感器的等效电路

图 5.4.2 中,$C_0$ 是分布电容,$r_0$ 是直流电阻。由于分布电容和直流电阻的存在,会使线圈的品质因数降低,损耗增大。

### 5.4.5 几种常用电感器

与电阻器、电容器不同的是,电感线圈没有品种齐全的标准产品,特别是一些高频小电感,通常需要根据电路要求自行设计制作。

**1. 小型固定电感器**

小型固定电感器(色码电感)是指由厂家制造的带有磁芯的电感器,有卧式和立式两种,电感量一般在 $0.1\ \mu H \sim 3\ 000\ mH$ 之间,工作频率为 $10\ kHz \sim 200\ MHz$。

小型固定电感器一般允许电流比较小,直流电阻较大,不宜用做谐振电路。

**2. 罐形磁芯圈**

采用罐形磁芯制作的电感器,具有较高的磁导率和电感量,通常应用于 LC 滤波器和谐振电路中。

电感器的参数可用专用仪器测量,如 $Q$ 表、数字电桥等。用万用表电阻挡,通过测量线圈电阻,可大致判断其好坏(注意:万用表应先进行欧姆调零)。一般电感线圈的直流电阻值应很小(为零点几欧姆至几十欧姆)。当测得线圈电阻无穷大时,表明线圈内部或引出端已断线。

## 5.5 二 极 管

二极管是用半导体单晶材料制成的半导体器件。根据制造材料的不同,有多个种类和不同用途。普通二极管是二极管中最常见的,可分为硅二极管和锗二极管两种。

### 5.5.1 二极管的结构和特性

二极管是用一个 PN 结作管芯,在 PN 结的两端加上接触电极引出线,并以外壳封装而成;接在 P 区的引出线为阳极,接在 N 区的引出线为阴极,如图 5.5.1(a)所示。

图 5.5.1(b)所示的为普通二极管的图形符号。

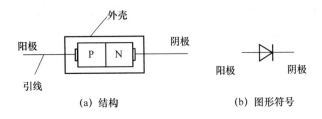

(a) 结构　　　　　　　　(b) 图形符号

图 5.5.1　二极管的结构和图形符号

当二极管的阳极接电流的正极、阴极接负极时,PN 结加的是正向电压,此时导通电阻很小,有较大的正向电流。当 PN 结加上反向电压时,PN 结处于截止状态,反向电阻很大,反向电流很小。故二极管具有单向导电性。

### 5.5.2　二极管的伏安特性

二极管是非线性器件,两端的电压和流过的电流之间的关系曲线——伏安特性曲线,如图 5.5.2 所示。

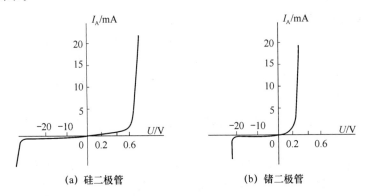

(a) 硅二极管　　　　　　(b) 锗二极管

图 5.5.2　二极管的伏安特性曲线

**1. 正向特性**

在二极管两端加正向电压时,二极管导通,导通电流随着电压的变化而变化。当电压很低时,电流很小,二极管是比较大的电阻;当正向电压增加到一定数值时,二极管电阻变得很小,电流随着电压的增加而迅速上升,这个电压叫正向导通电压。二极管的导通电压为 0.2~0.3 V,硅二极管的导通电压为 0.6~0.7 V。

**2. 反向特性**

二极管加反向电压时截止,反向电流很小,且该电流不随反向电压的增大而变大。这个电流称为反向饱和电流。如果继续加大反向电压达到一定数值,反向电流会突然急剧增大,发生反向击穿现象,这时的电压称为反向击穿电压。

### 5.5.3 二极管的极限参数

最常用的普通二极管的极限参数有反向击穿电压和最大工作电流,此外,还有反向漏电流、导通电压等。

(1) 反向击穿电压,指二极管所能承受的最大反向电压。

(2) 最大工作电流,指二极管允许通过的最大正向电流。

### 5.5.4 常用二极管类型

二极管按用途可分为以下几类。

**1. 整流二极管**

整流二极管由硅半导体材料制成,用于整流电路,常用的有 1N400 系列。

**2. 检流二极管**

检流二极管一般由锗半导体材料制成,常用的有 2AP 系列。

**3. 稳压二极管**

稳压二极管是一种齐纳二极管,它是利用二极管反向击穿时,两端电压固定在某一电压值上,基本不随电流的大小而发生变化的特性。稳压二极管常用于电压要求不变的场合。使用时要注意的参数有稳压值和功率。

**4. 发光二极管**

发光二极管的伏安特性与普通二极管基本一样,只是它的正向压降较大,在压降达到一定值时发光,发光的颜色与构成 PN 结的材料有关。

### 5.5.5 二极管的极性判别和性能检测

一般二极管有色点的一端为正极,塑封二极管的色圆环标志的一端为负极,可用万用表的欧姆挡测出。

使用数字万用表的二极管检测挡会更方便快捷。当红色表笔接二极管的正极,黑色表笔接负极时,若二极管是好的,表上显示值是二极管的正向直流压降,锗管为 $0.2 \sim 0.3$ V,硅管 $0.6 \sim 0.7$ V;若红表笔接负极,黑表笔接正极,则显示值为"1"。

## 5.6 晶体三极管

晶体三极管是由两个 PN 结构成的 3 端子的元器件。在其内部有两种载流子(带有正电荷的空穴和带有负电荷的电子)参与器件的工作过程,所以称为双极型三极管。

三极管既可组成放大电路、振荡电路及各种功能的电子电路,又具有开关特性,可应用于各种数字电路、控制电路、是组成模拟和数字电路的重要器件之一。

### 5.6.1 结构和特性

三极管按制造材料可分为硅管和锗管,按结构又可分为 PNP 型和 NPN 型。三极管有 3 个电极,分别称为发射极(e)、基极(b)和集电极(c),其结构示意图和电路符号如图 5.6.1 所示

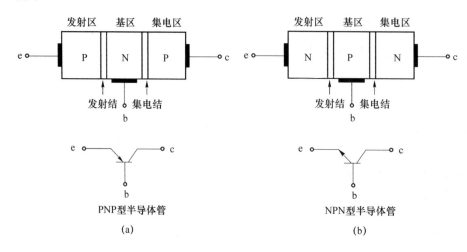

图 5.6.1 三极管的结构和电路符号

电路图中的三极管用字母 VT 表示,有 3 种工作状态,即截止状态、线形状态(放大状态)、饱和状态。在线性状态工作时,各极电流有如下关系,即

$$I_c = \beta I_b$$
$$I_e = I_c + I_b \approx I_c$$

以上两式中,$I_b$、$I_c$、$I_e$ 分别为基极、集电极、发射极电流,$\beta$ 为交流电流放大倍数。在其他两种工作状态时,各极电流不具备上述关系。

三极管的工作状态可通过测量各极的电位差来判断。当 NPN 型硅管的 $U_{be}$(基极-发射极电压)小于 0.6 V(锗管为 0.2 V)时,管子处于截止状态,此时有

$$I_e = I_c = 0、U_c = U_s(电源电压)$$

相当于开关处于关状态。若集电极电位 $U_c$ 小于基极电位 $U_b$,管子处于饱和状态,管压降 $U_{ce}$ 约为 0.3 V,此时管子相当于一个开关处于开状态。放大状态时,基极电位 $U_b$ 要小于集电极电位 $U_c$(PNP 型管正相反)。

### 5.6.2 三极管的分类和命名

**1. 分类**

三极管一般按功率或频率分类。按频率分,一般可分为低频、高频和甚高频 3 类;按功率分,一般可分为小功率、中功率和大功率 3 类。在使用中功率和大功率的晶体管时,

为达到要求的输出功率,一般要加散热片。

**2. 国产三极管的命名方法**

第 1 部分用数字 3 表示三极管;第 2 部分用字母表示材料和极性,如表 5.6.1 所示;第 3 部分用字母表示类型,如表 5.6.2 所示;第 4 部分为序号;第 5 部分为规格号。例如,3DG6C 是硅 NPN 型高频小功率三极管。

表 5.6.1 三极管型号材料和极性部分字母意义

| 字母 | A | B | C | D | E |
|---|---|---|---|---|---|
| 含义 | PNP 型锗材料 | NPN 型锗材料 | PNP 型硅材料 | NPN 型硅材料 | 化合物材料 |

表 5.6.2 三极管型号类型部分字母含义

| 字母 | X | G | D | A |
|---|---|---|---|---|
| 含义 | 低频小功率 | 高频小功率 | 低频大功率 | 高频大功率 |

常用三极管的管脚,如图 5.6.2 所示。

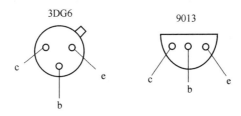

图 5.6.2 常用三极管管脚

### 5.6.3 三极管的参数

1. 共发射极直流电流放大系数 $h_{FE}$ 是三极管放大区的直流参数。$h_{FE}$ 的定义是:在额定的集电极电压 $U_{ce}$ 和集电极电流 $I_c$ 的情况下,集电极电流和基极电流之比,即 $h_{FE}=I_c/I_b$。$h_{FE}$ 是三极管的主要参数之一,通常在手册中多会给出。$h_{FE}$ 有别与共发射极交流放大倍数 $\beta$,$\beta$ 的定义为 $\beta=\triangle I_c/\triangle I_b$。

2. 最大允许电压:指三极管所能承受的反向击穿电压。在实际使用时,不能超过此电压值,否则将产生反向击穿,造成电路工作不正常,甚至损坏三极管。

3. 最大允许集电极电流 $I_{CM}$:指集电极电流的最大值,使用时不应超过此值。

4. 最大允许集电极耗散功率 $P_{CM}$:使用时集电极实际消耗的功率 $P_c$ 不允许超过 $P_{CM}$,否则将造成结温上升,导致三极管损坏。

5. 特征频率 $f_T$:频率增高到一定值后,$\beta$ 开始下降。使 $\beta=1$ 时的频率称为特征频率,此时三极管的电流放大能力为 0。

### 5.6.4 三极管的极性判别和型别检测

可以把晶体三极管的结构看成是两个背靠背的 PN 结,对 NPN 型来说基极是两个 PN 结的公共阳极,对 PNP 型管来说基极是两个 PN 结的公共阴极。

**1. 管型与基极的判别**

万用表置电阻挡,量程选 1 k 挡(或 $R\times100$),将万用表任一表笔接触某一个电极(即假定的公共极),另一表笔分别接触其他两个电极,当两次测得的电阻均很小(或均很大),则前者所接电极就是基极,如两次测得的电阻一大一小,相差很多,则前者假定的基极有错,应更换其他电极重测。根据上述方法,可以找出公共极,该公共极就是基极,若公共极是阳极,那么该管属 NPN 型管,反之则是 PNP 型管。

**2. 发射极和集电极的判别**

三极管的基极和结构(NPN 或 PNP)确定之后,假定另外两个电极中的一个为集电极 c。在假定的集电极和已知的基极间接一个 100 kΩ 的电阻,若已知被测的管子为 NPN 型,则用万用表的黑表笔接假定的集电极,红表笔接假定的发射极,观察万用表指示的电阻值;然后把假定的集电极和发射极互换,进行第二次测量。两次测量中电阻值较小的那一次,与黑表笔相接的电极即是集电极。若被测的管子为 PNP 型,则电阻值较小的那一次,与红表笔相接的电极是集电极。

# 第 6 章　测量仪表

测量各种电磁量的机电式仪器、仪表习惯上称电工仪表。而测量各种电量性能参数（如电压、电流、功率、能量、相位等）或电阻、电容、电感及介质损耗等电路元件参数的电工仪表称测量仪表。本章主要介绍教学实验中几种常用的测量仪表及其使用方法。

## 6.1　电测量指示仪表的基本知识

电测量指示仪表分为直读式仪表和比较式仪表两种，主要用途是借助它来比较被测量器件与测量单位的关系。应用直读式仪表测量时，测量结果可直接从仪表的指针得出，测量过程不需要对仪表进行调节，具有测量迅速、使用方便、结构简单及价格低廉等优点。比较式仪表是将被测量器件与某些标准进行比较而测到其数值，如电桥、电位差等。用比较式仪表进行测量比用直读式仪表操作复杂，仪表的价格也比较贵，但准确度高，因此常用于精度要求较高的测量。

### 6.1.1　机电式测量仪表的分类

为了方便选用仪表，介绍以下几种机电式直读仪表的分类方法。
1. 按工作原理可分为：磁电系、电磁系、电动系、静电系、整流系等。
2. 按被测对象可分为：电流表、电压表、功率表、电能表、相位表等。

机电式电测量指示仪表的主要作用都是将被测电量或非电量变换成仪表活动部分的偏转角或位移。

通常由两个基本部分组成，即测量线路和测量机构（俗成表头）。可用图 6.1.1 表示如下。

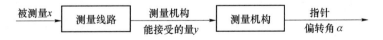

图 6.1.1　机电式电测量指示仪表的组成

测量线路是能把被测量 $x$（电量或非电量）变换成测量机构能接受的量 $y$ 的线路，如直流仪表的附加电阻、分流器等。测量机构是仪表的重要组成部分，它实现电量转换为指针的偏转角或位移，并使两者保持一定的关系。

### 6.1.2 仪表的误差与准确度

电测量最根本的目的是要获得被测量的实际值。但是，由于仪表的不完善，测量条件的不稳定，经验的不足等原因使得测量结果是实际值的近似值，近似值与实际值的差别就是误差。

而仪表的准确度是仪表的示值与被测量的实际值相符合的程度，误差越小，准确度就越高。根据引起误差的原因，可将误差分为基本误差和附加误差两种。

1. 基本误差：仪表在正常工作条件下进行测量时，由于内部结构和制作不完善等原因所引起的误差为基本误差。例如，活动部分的转轴和轴承之间存在的摩擦力矩，它将影响活动部分的平衡位置，从而产生基本误差；又如刻度分度不精确、指针受温度影响或其他原因使之变形、内部磁场的改变等均会引起基本误差。

仪表正常工作条件通常是指：
(1) 仪表指针调整到机械零位；
(2) 仪表按规定的工作位置安放；
(3) 除地磁场外，没有外来电磁场；
(4) 周围温度是 20 ℃ 或仪表表盘所标的温度；
(5) 被测交流电量的频率在交流仪表的工作频率范围之内，被测量的波形一般为正弦波。

2. 附加误差：仪表在偏离正常工作条件下使用时所产生的误差（除基本误差外）称为附加误差。如温度、外磁场、频率等不符合仪表正常工作条件时都会引起附加误差。

仪表误差的表示方法及仪表的准确度等级与基本误差的关系参阅第 1 章的有关内容。

### 6.1.3 表征仪表指针及性能的符号

在仪表的表盘上，标有各种符号，它们表征了仪表的主要技术性能和指标，掌握这些符号的含义有助于正确使用仪表。这些符号分别表示仪表的工作原理、型号、被测量的单位、准确度等级、正常工作位置等。其中常见的几种主要符号及其含义如表 6.1.1 所示。

表 6.1.1 常见表盘符号及含义表

| 符号 | 意义 |
| --- | --- |
| — | 直流仪表 |
| ∼ | 交流仪表 |
| ≃ | 交直流两用仪表 |
| A | 电流表（安培表） |
| kA | 电流表（表盘刻度单位为千安，也称千安表） |

续 表

| 符号 | 意义 |
|---|---|
| mA | 电流表(表盘刻度单位为毫安,也称毫安表) |
| V | 电压表(伏特表) |
| kV | 电压表(表盘刻度单位为千伏,也称千伏表) |
| W | 功率表(瓦特表) |
| kW | 功率表(表盘刻度单位为千瓦,也称千瓦表) |
| kW·h | 电能表(表盘刻度单位为"千瓦·时"或"度") |
| Ω | 电阻表(欧姆表) |
| MΩ | 绝缘电阻表(也称兆欧表或摇表) |
| ↑ | 使用时仪表垂直放置 |
| → | 使用时仪表水平放置 |
| $\eta_{2\,000}$ | 仪表绝缘实验电压 2 000 V |
| △A | 此表适用于温度 0 ℃～45 ℃,湿度为 85 % 以下的工作环境 |
| △B | 此表适用于温度 -20 ℃～50 ℃,湿度为 85 % 以下的工作环境 |
| △C | 此表适用于温度 -40 ℃～60 ℃,湿度为 98 % 以下的工作环境 |
| Ⅰ | 一级防磁,在有外界磁场作用的场所,仪表最大误差 0.5% |
| Ⅱ | 二级防磁,在有外界磁场作用的场所,仪表最大误差 1.0% |
| Ⅲ | 三级防磁,在有外界磁场作用的场所,仪表最大误差 2.5% |
| Ⅳ | 四级防磁,在有外界磁场作用的场所,仪表最大误差 5% |
| ⓪.5 | 此仪表的准确度为 0.5 级,即在 20 ℃ 的条件下,仪表位置正常,没有外界磁场影响下,它的最大相对误差为±0.5% |
| ①.0 | 此仪表的准确度为 1.0 级,即在 20 ℃ 的条件下,仪表位置正常,没有外界磁场影响下,它的最大相对误差为±1.0% |
| ①.5 | 此仪表的准确度为 1.5 级,即在 20 ℃ 的条件下,仪表位置正常,没有外界磁场影响下,它的最大相对误差为±1.5% |
| ②.5 | 此仪表的准确度为 2.5 级,即在 20 ℃ 的条件下,仪表位置正常,没有外界磁场影响下,它的最大相对误差为±2.5% |
| ⌒ | 磁电式仪表 |

续 表

| 符号 | 意义 |
|---|---|
|   | 电磁式仪表 |
| 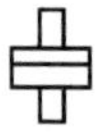  | 电动式仪表 |
|   | 感应式仪表 |
|   | 电磁式比率表 |
|   | 电动式比率表 |
|   | 静电式仪表 |
|   | 不进行绝缘强度实验 |
|   | 进行绝缘强度实验,电压为 2 kV |

### 6.1.4 仪表的符号

仪表的产品型号可以反映出仪表的用途和工作原理。产品型号是按规定的标准编制的。对安装式和可携式指示仪表的型号规定了不同编制规则。

**1. 安装式仪表型号的组成**

如图 6.1.2 所示,第一位代号是形状代号,它是按仪表面板形状最大尺寸编制;第二位形状代号是按外壳尺寸特征编制;系列代号按测量机构的系列编制,如磁电系代号为"C"、电磁系代号为"T"、电动系代号为"D"、整流系代号为"L"、感应系代号为"G"等。例如 44C2-A 型,型号中"44"为形状代号,可以从有关标准中查出其外形和尺寸,"C"表示磁电系仪表,"2"是设计序号,"A"表示该表是用于测量电流的电流表,示值以 A(安)为单位。

**2. 可携式仪表型号的组成**

由于可携式仪表不存在安装问题,所以将安装仪表型号中的形状代号省略后,即是它的产品型号。例如,T62-V 型表,"T"表示是电磁系仪表,"62"是设计序号,"V"表示是电压表,测量示值以 V 为单位。

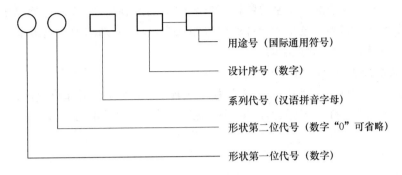

图 6.1.2 安装式仪表型号的编制规则

### 6.1.5 主要技术要求

各类型仪表所应具备的技术特性,在国家标准中都有相应的规定,技术性能的内容很多,它包括了电特性和机械特性两方面,主要特性有以下几点。

**1. 仪表灵敏度和仪表常数**

仪表的灵敏度 $S$ 是指仪表测量机构的可动部分偏转角 $\alpha$ 对被测量 $x$ 的导数,即：

$$S = \frac{d\alpha}{dx} \tag{6.1.1}$$

由此可见,如果被测量 $x$ 与偏转角 $\alpha$ 成正比例关系,则灵敏度 $S$ 与无 $\alpha$ 关,且为常数,在全标尺上均匀刻度时,可用式(6.1.2)表示,即

$$S = \frac{\alpha}{x} \tag{6.1.2}$$

这时,灵敏度 $S$ 的大小,就等于一个单位的被测量所能引起的偏转角(或偏转格数)。所以仪表的灵敏度反映了仪表所能测量的最小被测量。例如 $1\mu A$ 的电流通入某微安表时,如果该表的指针能偏转 2 个小格,则微安表的电流灵敏度就是 $S = 2\ \text{div}/\mu A$。对准确度要求高的测量,对仪表灵敏度要求也高。选用仪表时,要根据测量的要求选择灵敏度合适的仪表。

由式(6.1.1)可见,灵敏度与被测量的性质有关。所以在提到灵敏度时,应说明是电流灵敏度(一般用 $S_I$ 表示),还是电压灵敏度(一般用 $S_U$ 表示),或者其他什么灵敏度。

仪表的灵敏度决定于仪表的结构和线路。通常将灵敏度的倒数称为仪表常数 $C$,标尺刻度均匀的仪表常数为：

$$C = \frac{x}{\alpha} \tag{6.1.3}$$

即仪表常数等于被测量 $x$ 与偏转角 $\alpha$ 的比值。

**2. 仪表的误差**

仪表的误差是仪表的一个主要特性。仪表的准确度越高,它的误差就越小。选用仪表的准确度等级要与测量结果所允许的误差相适应,仪表的基本误差与准确度等级的关系在第 1 章中已有介绍,此处从略。

**3. 仪表本身所消耗的功率**

在测量时,仪表接入被测电路总要消耗一定能量,这不仅会引起仪表内部发热,而且影响被测电路原有工作状态,从而产生测量误差。对小功率的电路进行测量时,尤其需要注意一点。

**4. 仪表的阻尼时间**

阻尼时间是指被测量开始作用使指针偏转到距离平衡位置小于标尺全长 1 % 时所需的时间。为了读数迅速,阻尼时间越短越好。一般不得超过 4 s,对于标尺长度大于 150 mm 者,不得超过 6 s。

**5. 其他**

除以上 4 个特性外,还有其他技术特性。如有良好的读数装置(如刻度均匀)、有足够高的绝缘电阻和耐压能力以保证使用安全、有较强的过载能力、当外界条件改变时有较好的保持正常工作的能力等。选择仪表后,还要正确地使用它,使仪表在正常工作条件下进行测量,否则会引起附加误差。

## 6.2 磁电系仪表

磁电系仪表主要用于测量直流电流和直流电压。若将磁电系测量机构配上整流器,则可用来测量交流电流和交流电压。

### 6.2.1 磁电系仪表的工作原理

磁电系仪表由磁电系测量机构与适当的测量线路组成。而磁电系测量机构主要由固定的永久磁铁和可动的线圈组成。被测电流通过固定的游丝弹簧引入可动线圈。当磁电系仪表的线圈中通入电流时,仪表的可动部分受到的几个主要力矩有以下几个。

**1. 转动力矩**

当电流通入线圈时,载流导体在磁场中受到力的作用,力的大小为:

$$F = BLIN \tag{6.2.1}$$

式中,$B$——气隙中线圈所在处的磁通密度;

$I$——通进线圈的电流;

$L$——线圈长度;

$N$——线圈的匝数。

线圈所受的转动力矩为:

$$M = F_a = BL_aIW = BSIN \tag{6.2.2}$$

式中,$a$——线圈宽度;
$S$——线圈面积。

对已制成的仪表,磁通密度 $B$、线圈面积 $S$、线圈匝数 $N$ 都是一定的,令 $K_1 = BSN$,则:

$$M = K_1 I \tag{6.2.3}$$

可见,转动力矩的大小与电流 $I$ 的大小成正比,电流越大,产生的转动力矩也越大。

**2. 反抗力矩**

为了测出被测量的大小,必须使活动部分在一定的转动力矩作用下只能偏转一定的角度,从而能以偏转角的大小表示出被测量。在磁电系仪表中,反抗力矩多用弹簧(又称游丝)产生,由弹簧产生的反抗力矩 $M_a$ 与偏转角 $a$ 成正比,即:

$$M_a = K_2 a \tag{6.2.4}$$

式中,$K_2$——常数,它决定于弹簧的物理性质;
$a$——偏转角。

表头指针总是停止在反抗力矩与转动力矩相等的位置上,即 $M = M_a$。

**3. 阻尼力矩**

当表头线圈内有电流时,可动部分将向新的平衡位置过渡。由于在这个过程中储存了一部分动能,故一般要在新的平衡位置左右摆动多次才能稳定在新的平衡位置上。为了缩短摆动时间,必须在仪表中装设一个能吸收可动部分动能的装置,这种装置称阻尼器。不同类型的仪表有不同的阻尼方式。在磁电系仪表中,铝框即起阻尼作用,阻尼力矩 $M_P$ 与速度成正比。指针停在平衡位置时,阻尼力矩也就没有了,因此阻尼力矩不影响偏转的角度,只是缩短摆动时间,改善运动特性。

**4. 摩擦力矩**

当可动部分转动时,在转轴与轴承间因有摩擦,必然会产生摩擦力矩 $M_f$,由于 $M_f$ 的作用是与运动方向相反的,因此指针不能恰好静止在 $M = M_a$ 这个理想位置处,而是静止在与平衡位置相差 $\Delta a$ 的另一位置。$M_f$ 越大,$\Delta a$ 的数值也越大。在制造仪表时可采用较好的转轴和轴承材料以减小 $M_f$,提高仪表准确度等级。

### 6.2.2 磁电系仪表的特点

(1) 由于永久磁铁磁场方向是恒定的,故只能测量直流电量,对周期性电流也只能反映它们的直流成分(或称平均值),其偏转角与电流的平均值成正比。

(2) 由于测量机构中采用永久磁铁,且工作气隙小,所以气隙中磁感应强度 $B$ 很强且稳定,故有较高的灵敏度,并且有较强的抗外磁场干扰能力。

(3) 由于机构气隙中磁场呈均匀辐射状,从而使标尺刻度均匀,便于读数。

(4) 仪表的准确度高,目前已能做成 0.05 级标准表。

(5) 自身功耗很小。

(6) 过载能力小。由于被测电流是通过游丝进入线圈,而表头线圈导线也较细,因此不能流入过大的电流,以免发热或烧坏仪表。

### 6.2.3 磁电系电流表、电压表、欧姆表

由磁电系测量机构与不同的测量线路可组成磁电系电流表、电压表和欧姆表。

**1. 磁电系电流表**

(1) 磁电系电流表的构成及工作原理

由于磁电系测量机构中线圈、游丝等载流容量的限制,表头不允许有较大电流通过,一般表头灵敏度是几十微安到几百微安。所以,磁电系测量机构实际上是一个小量程的电流表。为了测量较大电流,最简便的方法就是用一个较小的电阻(分流器)与磁电系表头并联,如图 6.2.1 所示。

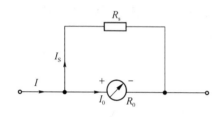

图 6.2.1 电流表的构成

图中 $R_0$ 是表头的内阻,$I_0$ 是流过表头的电流,$R_S$ 是分流器的电阻,$I_S$ 是流过分流器的电流,$I$ 是被测电流。于是有:

$$R_S I_S = R_0 I_0 \quad (6.2.5)$$

$$R_S = \frac{I_0}{I_S} R_0 = \frac{I_0}{I - I_0} R_0 = \frac{1}{n-1} R_0 \quad (6.2.6)$$

其中

$$n = \frac{I}{I_0} \quad (6.2.7)$$

式(6.2.7)表明,当欲将表头量程扩大 $n$ 倍时,分流器的电阻应为表头内阻的 $\frac{1}{n-1}$。可见,量程 $I$ 越大,分流电阻 $R_S$ 就越小。

按被测电流的大小,磁电系电流表可分为微安($\mu$A)表、毫安(mA)表、电流(A)表和千安(kA)表。

(2) 磁电系电流表的使用方法

① 在测量前,要事先估计被测电流的大小,选择表的量程要大于估计的电流值。如事先难以估计,应尽量选用大量程的电流表,初步测试,然后再用适当量程的电流表。

② 当要测量某一支路的电流时,电流表必须串联在该支路上。为了不影响电路的工作状态,选择内阻小的电流表。

③ 要注意正负极性的接法,电流表接线柱旁都标有"+"和"-"的符号,电流从"+"流进,表针正走;若电流从"-"流进,则表针向反方向偏转,容易打坏指针,所以正负极性接法一定要正确。

④ 使用仪表前应检查指针是否在零位,若不在零位时,应细心旋转调整器旋钮,使指针指零,以免产生过大的测量误差(凡有零位调整旋钮的仪表均应注意调零)。

**2. 磁电系电压表**

(1) 磁电系电压表的构成及工作原理

一个磁电系表头的内阻是不变的,因此若在表头两端施以某一允许电压,则根据欧姆定律,通过表头线圈的电流将与该电压成正比。这样,可动部分偏转的角度也就正比于所加的电压。如将表盘按电压来标刻度,就做成一个电压表。但由于允许通过表头的电流是很小的,表头内阻一般仅为几百欧,因此,允许加在表头两端的电压很小,只能做成毫伏(mV)表。为了扩大其电压量程,必须与表头串联一个较大的电阻,称为附加电阻,如图 6.2.2 所示。附加电阻的大小由表头灵敏度和所欲扩大到的电压量程来确定。在图中,表头的灵敏度为 $I_0$,内阻为 $R_0$,电压表的量程为 $U$,所需串联的附加电阻为 $R_m$,则

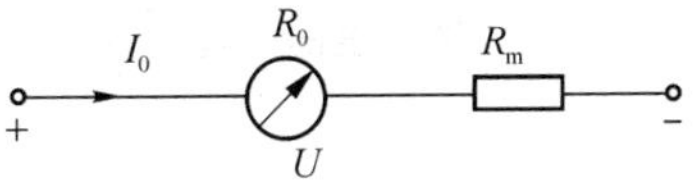

$$U = I_0(R_0 + R_m) \tag{6.2.8}$$

图 6.2.2 电压表的构成

式中,$(R_0 + R_m)$——电压表内阻。

式(6.2.8)说明电压表量程愈大,其内阻也愈大。

而附加电阻为:

$$R_m = \frac{U}{I_0} - R_0 \tag{6.2.9}$$

(2) 磁电系电压表的使用方法

① 电压表在使用时是与被测支路并联。为了不影响电路的工作状态,要求仪表所取用的电流越小越好,即要求电压表内阻越高越好。

② 电压表的内阻常用每伏多少欧(Ω/V)表示,通常称为电压灵敏度 $S_U$,如图 6.2.2 对应灵敏度为:

$$S_U = \frac{R_0 + R_m}{U} = \frac{1}{I_0} \tag{6.2.10}$$

即电压表的电压灵敏度等于表头满电流 $I_0$(表头灵敏度)的倒数。$I_0$ 越小,$S_0$ 越大,内阻越高。一般电压表的表盘上都标有其电压灵敏度,从该值可以计算出某一量程下表的内阻,并能计算出仪表从被测电路取用电流的大小。

③ 磁电系电压表为直流电压表,使用时要注意"+"、"-"接线端,不得接错;根据被测电压大小选择合适的量程。

**3. 磁电系欧姆表**

(1) 磁电系欧姆表的构成及工作原理

欧姆表是一种测量电阻的直读仪表,其原理线路如图 6.2.3 所示。

$E$ 是干电池的电动势,$R_A$ 是可变电阻,它作为磁电系表头的分流器,与表头并联组成

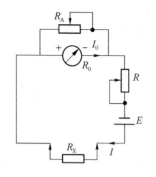

一个灵敏度可调的微安表,使用时 $R_A$ 作为调整零点用。$R$ 为表内附加电阻,$R_X$ 为被测电阻。

现假定 $R_A$ 之值已根据设计要求选定,它与表头并联的等效电阻为:

$$R_0 = \frac{R_0 R_A}{R_0 + R_A} \quad (6.2.11)$$

根据欧姆定律得:

$$I = \frac{E}{R_0 + R + R_X} \quad (6.2.12)$$

图 6.2.3　欧姆表的原理接线图

由式(6.2.12)看出,当 $E$、$R_0$、和 $R$ 固定时,电流 $I$(以及通过表头的电流 $I_0$)将随 $R_X$ 的改变而改变。

当 $R_X = \infty$,即两表笔间开路,$I = 0$,表针无偏转,$\alpha = 0$,所以,对应于电流的零点刻度,应为电阻的"∞"刻度。

当 $R_X = 0$,即两表笔直接短接时,电流最大,选择 $R_A$ 的数值使此时表针恰好偏转到电流满量程处,$I = I_0$,$\alpha = \alpha_{max}$,即对应于电流的满刻度,应为电阻的"0"刻度。被测电阻 $R_X$ 越大,指针偏转越小;$R_X$ 越小,指针偏转越大。对应不同的电阻值,指针有不同的偏转。这就是欧姆表标度尺的分度原理。显然,欧姆表刻度值与电流的刻度方向是相反的,而且刻度是不均匀的。如图 6.2.4 所示。

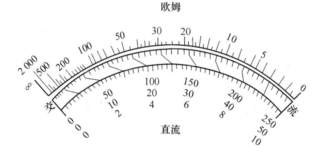

图 6.2.4　欧姆表刻度盘

任何欧姆表的刻度范围都是从零到∞,怎样表示欧姆表的量程呢?从公式可以看出,当被测电阻 $R_X$ 等于欧姆表的内阻($R_0 + R$)时,表头流过的电流 $I = \frac{1}{2} I_0$,指针恰好偏转到满偏转的一半,即 $\alpha = \frac{1}{2} \alpha_{max}$,用这个数值表示欧姆表的量程,称为中值电阻。可见,中值电阻值即等于表的内阻值。欧姆表也可制成多量程的。增大量程的方法就是要加大表的内阻。为此,只要增大 $R$,同时也增高 $E$ 即可。一般欧姆表×10 k 挡的电源电压有十几伏或二十几伏。降低量程的方法是减小表的内阻。这可以用并联电阻的方法来实现。

(2) 使用欧姆表时注意事项

① 测量前应使两表笔短接,看指针是否指在为"0"处,如不指"0",则应调节 $R_A$ 使其

指零,然后再测量。这是因为干电池使用日久其电压要降低,致使表笔短路($R_X=0$)时,表针就不能偏转到"0"处,此时只需调节 $R_A$,以减小分流比例,使指针仍能指到零位。

② 使用欧姆表时,要注意被测对象所能承受的电压和允许通过的电流。例如,测量晶体管各级之间的电阻时,不宜用×10 k 挡,因为此时表中电池电压高;也不宜使用×100 或×10 挡,因为这两挡表内电阻低,电流较大。用欧姆表直接测量微安表内阻,也有烧坏微安表的危险。

③ 测量电阻时,若人手同时接触测试笔的金属部分,人体电阻就与被测电阻并联,会使测量结果小很多,因此应注意避免。

## 6.3 万 用 表

### 6.3.1 万用表的基本原理及技术性能

磁电系电流表、电压表、欧姆表和整流系电流表、电压表等的测量机构都是一个磁电系微安表或毫安表(即表头),只是配以不同的测量线路而形成了各种用途的仪表。只要利用换接开关,使它在不同的位置时,把表头接到不同的测量线路上,这样就把上述许多种仪表统一在一个仪表中,这种仪表称为万用表。万用表实际上是一种多用途多量程的仪表,可用来测量直流和交流的电流、电压以及电阻等。有些还可测量电容、电感、音频功率的增益或衰减和晶体管的静态参数等。它的电路是由分流、分压、欧姆测量以及整流等电路组成。

MF30 万用表是一种袖珍的万用表,在外电路中串接了 0.5 A 的熔断丝作保护。考虑到晶体管电路测试需要,增设有小电流(50 $\mu$A,500 $\mu$A)和小电压(1 V,5 V)量程挡。

MF30 万用表的表头采用高灵敏度的磁电系测量机构,它的满偏转电流为 40.6 $\mu$A。表头的刻度盘上还装有反射镜,以减少计数视差。转换开关为单层三刀十八掷开关,用于切换分流电阻和分压电阻来实现多种电量、多种量程的测量。交流电压测量线路则是利用硅整流二极管将交流转换为直流。电阻测量线路为一个多量程欧姆表电路,并有测量音频电平的功能。

万用表的准确度较低,在工程要求准确度不很高的场合下适用。

MF30 万用表主要技术性能见表 6.3.1。

表 6.3.1 MF30 万用表技术性能

| 测量范围 | 灵敏度和电压降 | 精度 | 误差表示方法 | - |
|---|---|---|---|---|
| 直流电压 | 1 V～5 V～25 V | 20 000 Ω/V | 2.5 | 以上量程百分数计同上 |
| | 100 V～500 V | 5 000 Ω/V | 2.5 | |
| 交流电压 | 10 V～100 V～500 V | 5 000 Ω/V | 4.0 | 同上 |

续 表

| 测量范围 | 灵敏度和电压降 | 精度 | 误差表示方法 | - |
|---|---|---|---|---|
| 直流电流 | 50 μA～0.5 mA～5 mA～50 mA～500 mA | 0.3 V | 2.5 | 同上 |
| 电阻 | Ω×1,Ω×10,Ω×100 | - | 2.5 | 以标度尺长度百分数计 |
| | Ω×1 k,Ω×10 k | - | - | |
| 音频电平 | −10～+22 dB | - | 4.0 | 同上 |

### 6.3.2 万用表的使用方法

以 MF30 万用表的使用方法为例。

**1. 调整零点**

万用表在使用前,应注意水平放置时指针是否指在零位。若不指在零位,则应调整表头上的零位调节装置(机械调零装置),使指针指零。

**2. 直流电压测量**

将测试表笔插在"+"、"−"插孔中,将量程转换开关旋到"V₋"相应的量程上。测量电压时需将电表并联在被测电路上,并注意正负极性。

**3. 交流电压测量**

将转换开关旋到"V~"相应量程上进行测量。如果不知被测电压的大致数值,需将转换开关旋到"V~"最高量程上预测,然后再旋到"V~"相应量程上测量。

**4. 直流电流测量**

万用表必须按照电路的极性正确地串接在电路中,转换开关旋到"μA"或"mA"相应的量程上,特别需要注意的是,切勿用电流挡去测电压,以免烧坏电表。

**5. 电阻测量**

(1) 将转换开关旋到"Ω"相应的量程上,将两支表笔短路,指针向零欧姆处偏转,调节零欧姆调整器,使指针恰好指在零点。然后分开表笔,并将其与被测电阻两端接触。注意:每变换一次量程,欧姆挡的零点都需要重新调整一次。

(2) 测量电阻时,被测电阻不应处在带电状态,即使电容器上有充电电荷,事先也应放掉,否则相当于用电阻挡去测量电压,容易使电表损坏。

(3) 当不能确定被测电阻有没有并联电阻存在时,应把电阻的一端从电路中断开,然后才能进行测量,否则并联电阻将使测量值小于实际值。

(4) 测量电阻时,不应双手同时接触被测电阻的两端,否则会把人体电阻并联在被测电阻上,引起测量误差。

万用表除了能完成上述测量项目之外,还可用于判断电容、电感元件的质量及三极管的放大能力以及三极管管脚的辨别等。

**6. 电容器好坏的判别**

用万用表的电阻挡来检查电容器的好坏。具体操作是先将万用表置于电阻挡的适当量程，用表笔接待测电容器两端进行测量。若该电容器是未充过电的，则在刚开始测量时，由于电容器的充电，指针先向 0 Ω 方向偏转一个数值，然后逐渐返回，最后停留在某一电阻值上。指针偏转越大，说明该电容器的容量越大；指针最后停留处的阻值越大，说明电容器的漏电越小；若指针最后停留在"∞"处，说明电容器基本不漏电；若指针偏转后不返回，说明电容器内部已短路；若指针不偏转，则说明电容器内部已开路，或其电容量非常小。可以用正常的同一标称容量的电容器进行比较，以大致判断出该电容器的电容量及漏电情况。对于电容量很小的电容器（几皮法到几百皮法），仅能用此法检查其漏电及短路故障。

当检查电解电容器漏电电阻时，可转动开关至 $R \times 1k$ 挡，黑色测试笔（接表内电源正极的表笔）接电容器的正极，红色测试笔（接表内电源负极的表笔）接电容器的负极。

**7. 电感器好坏的判别**

用万用表的电阻挡可以测出电感元件的通断及其直流电阻值（一般很小），从而判断其好坏。

**8. 二极管极性的判别**

测试时选 $R \times 1k$ 挡，用两测试笔分别测量二极管的正、反向电阻值，小的即为正向电阻值。当测正向电阻时，黑测试笔所接的一极为正极。

**9. 三极管管脚的辨别**

用电阻挡测定三极管的管脚时，应用 $R \times 1k$ 挡进行。

(1) 先判定基极 b，从 b 到 c、到 e 分别是两个 PN 结，PN 结的反向电阻很大，而正向电阻很小。测试时可任意取晶体管的一脚假定为基极。将红测试笔接基极，用黑测试笔分别去接触另两个管脚。如测的都是低阻值，则为 NPN 型管（即 N 型管）。若测量时两个 PN 结的阻值差异很大，可另选一个管脚为假定基极，直至满足上述条件为止。

(2) 判定发射极 e 和集电极 c

确定基极之后，再测量 e、c 极间电阻，然后交换表重测一次，两次电阻值应不相等，其中电阻值较小的一次为正常接法。正常接法时，对于 PNP 型管，黑表笔接的是 e 极，红表笔接的是 c 极；对于 NPN 型管，红表笔接的是 e 极，黑表笔接的是 c 极。

判别理由：按正常接法，e、c 之间通过的电流较大，测出的电阻值较小。由于管子内部结构并不是完全对称的，故表笔接反了测出的电阻值较大。

### 6.3.3 使用万用表注意事项

(1) 万用表不用时把转换开关旋至最高电压挡（交流、直流均可），以防下次使用时忘记将转换开关与测试项目相对应，误测高电压而烧坏电表。

(2) 每次测量前，应核对转换开关的位置是否符合要求，以防错误。

(3) 在测量高电压或大电流时，不能旋转转换开关，以防产生电弧烧坏开关的触点。

(4) 电表长期不用时应把电池取出,以免电池变质漏液而腐蚀其他元件。

(5) 测量高压时,需站在干燥的绝缘板上,并单手操作,防止触电事故。

(6) MF30型万用表虽有过载保护装置,但仍应按使用方法正确使用,以免不必要的损失。

### 6.3.4 万用表的测试技术

**1. 量程选择与测量正确度的关系**

一般情况下应使仪表的量程尽量接近被测量的值(电表指针指示最好处于表头标尺满度的2/3到满偏位置之间),这样测量误差就较小。用万用表测量直流电压、交流电压、直流电流、音频电平时,量程的选择与测量正确度的关系一般都遵循这个规律,测量电阻时是个例外,测量电阻时,量程的选择应使被测电阻值接近该挡欧姆中心值。

**2. 被测电路阻抗与测量结果的关系**

万用表测量直流电压或交流电压时,其表头内阻是与被测电路相并联的。当万用表的输入电阻远大于(一般是20倍以上)被测电路电阻时,万用表对被测电路工作状态的影响可忽略不计。在此情况下,可按前面"量程选择与测量正确度"项中所述原则选择量程。

万用表的输入电阻可由万用表表头所示 $\Omega/V$ 值求得。以 MF30 型万用表为例,由表头标出的 $\Omega/V$ 值可知,直流电压灵敏度是 20 000 $\Omega/V$,所以 2.5 V 挡的输入电阻是 2.5×200 000 $\Omega/V$=50 k$\Omega$。10 V 挡的输入电阻是 10 V×200 000 $\Omega/V$=200 k$\Omega$。在实际测量中,如果万用表的输入电阻不满足远大于被测电路电阻时,它对被测电路的工作状态的影响就不可忽视了。这时,就不宜按照前面所述原则选择量程,而可以考虑选用高输入电阻的量程(即高挡量程)进行测量,以尽量减少测量误差。当然,由于万用表的内阻是已知的,在某些情况下,也可以通过计算来修正测量值。

与测量电压相仿,万用表测量直流电流时,由于其表头内阻是与被测电阻相串联,被测电流通过电表时,电表的内阻会造成一定数量的电压降(一般在几十毫伏到几百毫伏)。电表造成的压降将引起电路工作电流的变化,造成测量误差。如果万用表的内阻远小于被测电路内阻,万用表对被测电路工作状态的影响可忽略不计。此时,可遵照量程选择与测量正确度关系中所述的规则选择量程。如果电表的内阻不符合远小于被测电路内阻的条件,电表造成的压降将引起电路工作电流的变化,引起测量误差。此时,可适当选择大一些的量程。因为万用表直流电流量程各挡的内阻不是一个定值,量程愈小,内阻越大,适当选择大一些的量程,可减少由电表内阻造成的测量误差。

总之,为了保证较高的测量正确度,万用表的量程应按具体情况合理选择。

**3. 被测信号频率、波形与测量结果的关系**

万用表表头上有表示该表使用频率范围,例如 MF30 型万用表上标有 45 Hz 的符号,这说明该表适宜测量频率在 45~1 000 Hz 范围内的正弦电信号,如果用万用表测量频率低于 45 Hz 或高于 1 000 Hz 的电信号,则测量结果准确度不能保证,特别是当被测信号的频率超过允许上限频率时,由于万用表内分布电容影响,电表指示将偏小。因此超过使用频率范围的测量,最多只有对同类信号作相对比较的意义。

万用表表头指针的偏转正比于正弦信号电压半波(或全波)整流平均值,但是表头标尺是按正弦电压有效值刻度的。所以,当被测交流电压是非正弦周期性信号时,若仍直接读数,则会产生很大的误差。如果要用万用表测出非正弦周期信号的电压平均值,则可采用如下方法。将万用表置于相应的交流电压挡,对于半波整流表,用两测试笔接在被测信号的输出端,测得一次电压读数;然后,改变测试笔的极性,再测一次电压读数。两次读数之和除以 2.22,即为所求之值。对于全波整流表,只需测一次,读数除以 1.11 即可。常用的万用电表(如国产 500 型、MF30 型等)都是半波整流表。

**4. 量程的选择**

用万用表的欧姆挡测量晶体管时,应考虑到晶体管所能承受的电压较低和允许通过的电流较小,应选用低电压高倍率挡(如 $R\times100$ 或 $R\times1\text{k}$ 挡)进行测量,这样可以避开最高倍率挡的高压(约 10 V)和低压倍率挡的大电流。

### 6.3.5 万用表的选择

磁电系万用表按照不同的测量需要,设计制成了各种不同特点的产品,用户可以按照具体测量的需要,选用不同的型号,以达到物尽其用、经济合理的目的。

万用表按正确度可分为高正确度和一般正确度;按灵敏度可分为高灵敏度、较高灵敏度及低灵敏度 3 挡;从外形尺寸上,又可分为大、中、小型 3 类;在原理结构上,又分为普通型及晶体管放大型等。这些分类都涉及到产品的价格及其适合场合。在测量工作中,如何选择万用表可参考以下几点。

(1) 电子电路的测量,特别是测量高内阻的信号源,应选用高灵敏度或较高灵敏度电表,这样测量的结果比较准确。

(2) 测量低内阻的信号源,如在电工、电力方面的测量中,可选用低灵敏度的电表,这种电表量程宽且稳定可靠。

(3) 测量音频微弱信号,或测量直流弱电压和弱电流时,可选用带有放大器输入阻抗高,在低量程上具有极高的灵敏度的电表。

(4) 无线电爱好者可选用价格低的袖珍万用表。MF30 型是灵敏度较高、深受用户欢迎的袖珍万用表。

## 6.4 电磁系仪表

在工农业生产中,广泛地以正弦交流电作为动力,为了保证生产过程的安全操作和用电设备的合理运行,必须对电力系统中的电压、电流进行测量或监视,因此需要大量交流仪表。电磁系仪表是测量正弦交流电流和正弦交流电压的最常用仪表。它是利用磁化后的可动铁片在线圈的磁场中被吸引或排斥,而形成转动力矩使指针发生偏转的原理制成的。

### 6.4.1 电磁系仪表的技术特性

(1) 使测量机构偏转的基本量是通过线圈的电流有效值。
(2) 主要用于工频(即 50 Hz)测量。
(3) 由于本身磁场较弱,受外界磁场影响较大。使用时,仪表附近不应有较强外磁场。
(4) 由于造成误差因素较多(涡流、磁滞、波形、频率、温度等),因此准确度不高,一般在 0.5 级以下。
(5) 仪表的灵敏度不高,与磁电系仪表相比,其安培表的内阻抗较高,伏特表的内阻抗较低,因此这种仪表消耗功率较大。但在大功率的电力系统中使用,此缺点影响不大。
(6) 较强的过载能力,短时间线圈中电流超过额定值十多倍时才以致于烧坏电表。

### 6.4.2 电磁系电流表

电磁系电流表实际上就是一个电磁系测量机构。由于电磁系测量机构的指针偏转角度直接与通过固定线圈中的被测量电流有关,被测量电流通过固定线圈产生磁化铁片的磁场。为了能有足够的磁场,一般需要 200~300 安匝的磁动势。电流量程愈大,固定线圈的匝数愈少;电流量程愈小,固定线圈的匝数愈多。电磁系电流表是通过改变固定线圈的匝数来改变电流量程的。在测小电流时,由于线圈匝数较多,这时线圈电感很大,也就是表的内阻抗很大,指针满量程偏转时,表两端的电压达几伏以上,因此这种结构制成的毫安表就很少。当电流为 300 A 时,线圈只需绕一匝,由于导线很粗,加工有一定困难,因此也很少有用这种结构制成 300 A 以上量程的安培表。若需要测量更大电流,一般采用电流互感器,将大电流变为小电流(5 A 以下)再进行测量。

### 6.4.3 电磁系电压表

利用测量小电流的测量机构(即线圈匝数较多的表头)串联附加电阻,就可用来测量电压,而成为电压表。由于线圈中必需有足够大的电流才能产生所需的磁场,所以这种结构的电压表内阻抗是很低的,约为每伏十几欧。当指针满偏转时,取用电流约几十毫安。

由于线圈的自感很大,因此这种结构所制成的电压表的量程不能低于几伏。至于最高量程,出于安全的考虑,只做到 750 V。电压表所取的电流为:

$$I = \frac{U}{\sqrt{(R+r)^2 + (\omega L)^2}} \tag{6.4.1}$$

式中, $r$ ——线圈的电阻;
$L$ ——线圈的自感;
$R$ ——串联的附加电阻;
$U$ ——被测电压;
$\omega$ ——被测电压角频率。

由式(6.4.1)可得指针偏转度与被测电压有效值 $U$ 之间关系为:

$$a = K \frac{U^2}{(R+r)^2 + (\omega L)^2} \quad (6.4.2)$$

可见,电磁式电压表的读数与频率有关,当电压有效值不变而频率提高时,读数将变小。这种电压表只能在设计规定的频率范围内使用,否则就会出现误差。低量程的伏特表($R$ 较小)受频率的影响更大。基于同样原因,当被测电压为非正弦波时,表中通过电流的波形与电压波形不同,也会使读数与被测电压实际值不同。

## 6.5 电动系仪表

电动系仪表可以测量交、直流电压和电流,特别适用于测量功率。常用的单相功率表是由电动系测量机构组成的。

利用电磁铁的磁场与活动线圈中的电流同时改变的原理制成的仪表为电动系仪表。

### 6.5.1 电动系仪表的特点

(1) 准确度高,常用它制成精密仪表。
(2) 消耗功率较大。用它直接测量电流或电压时,会严重影响电路工作状态。
(3) 仪表本身的磁场较弱,易受外界磁场的影响。
(4) 电动系仪表可交直流两用。但电动系仪表、电压表的标度尺分度不均匀,而电动系功率表的分度是均匀的。
(5) 过载能力较差,且电动系仪表结构复杂,价格较贵。

由于它的这些特点,在工程上除电动系的功率表外,一般不常用电动系仪表。

### 6.5.2 电动系功率表

电动系测量机构除用来制造高准确度的电压表和电流表外,主要用来制造功率表。功率表是测量交直流电路中功率的指示仪表,按照被测功率的大小,可分为瓦特(W)表、千瓦(kW)表等。

**1. 电动系功率表的工作原理**

将电动系测量机构中的固定线圈(图 6.5.1 中的 $N_1$)与被测负载串联,定圈电流即为负载电流。

$$\dot{I}_1 = \dot{I} \quad (6.5.1)$$

活动线圈(图 6.5.1 中的 $N_2$)串联一个附加电阻 $R_{fi}$ 后并联在电路上,在满足 $R \gg \omega L$ 的条件下,动圈电流:

$$\dot{I}_2 = \frac{\dot{U}}{R_{fi}} \quad (6.5.2)$$

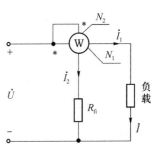

图 6.5.1 功率表的电路图

若

$$\dot{I}_1 = I\angle 0° \qquad \dot{I}_2 = I_2\angle\Phi = \frac{U}{R_{fi}}\angle\Phi \qquad (6.5.3)$$

则仪表偏转角 α 为：

$$\alpha = K\frac{U}{R_{fi}}I\cos\Phi \qquad (6.5.4)$$

式中，$UI\cos\Phi$——负载所消耗的有功功率。

故(6.5.4)式可写成：

$$\alpha = K_p p \qquad (6.5.5)$$

说明仪表指针偏转与负载所消耗的有功功率成正比，若刻度盘按相应的功率值来刻度即成为功率表。选择适当形状的线圈，刻度可均匀。

**2. 功率表量程的扩大及读数方法**

功率表的定线圈称为电流线圈，动线圈称为电压线圈。两线圈电流均不能超过其最大允许值，此值即额定电流 $I_H$，电压线圈在串联电阻后，以额定电压 $U_H$ 表示，功率表一般设计成 $P_H = U_H I_H$ 时达到满刻度。例如，若功率表的电压线圈量程为 300 V，电流线圈量程为 5 A，则此表的功率量程为 $300\times5 = 1\,500$ W。

功率表原量程扩大是通过扩大其电压线圈的电压额定值和电流线圈的电流额定值来实现的。国产的功率表一般有两个额定电流与两三种额定电压。例如 D26-W 型功率表的额定值为 1 A/2 A 和 125 V/250 V/500 V。

两个电流线圈相互可以串联，也可并联，并联时功率表的额定电流较串联时大一倍，如图 6.5.2 所示。

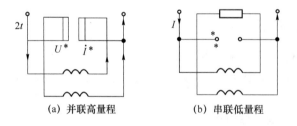

(a) 并联高量程　　　　(b) 串联低量程

图 6.5.2　电流量程变换装置

可携式电动系功率表表面上往往只有一个刻度，设分成 $W_H$ 格，并设 $P = U_H I_H$，其中 $U_H$ 是测量中所用的额定电流，则功率表常数 $C$ 为：

$$C = \frac{p_H}{W_H} \quad \text{W/div} \qquad (6.5.6)$$

当功率表指针指示为 $n$ 格时，其测得的功率则为：

$$P = nC \qquad (6.5.7)$$

**3. 功率表的使用方法**

使用功率表时应特别小心,使用不当很容易损坏,主要应注意以下几点。

(1) 功率表的量程:除功率表量程外,电压和电流都不允许超过功率表上所标明的额定值,在负载功率因数较低的情况下,不能以指针是否偏转到刻度盘的终端作为仪表过载的标志。因为在功率因数小于1而功率表指针指示在刻度盘终端时,至少电流与电压中有一个一定超过额定值。所以当负载电路功率因数较低时,若以功率表指针是否满刻度偏转来判断仪表是否过载,必将损坏功率表。为了安全起见,测量功率时,一般与电流线圈串接一只同一量程的电流表,同时与电压线圈并联一只同量程的电压表,以监视功率表是否过载。

在测量功率因数较低的负载(如铁芯线圈)功率时,最好用低功率因数功率表,这不仅是安全问题,还因为一般功率表在负载功率因数很低时,测量误差也较大。

(2) 功率表的电源端钮(又称发电机端钮或对应端钮):由电动系测量机构工作原理可知,其可动部分偏转角度是和两个线圈中的电流的乘积对应的。因此,只要改变一个线圈中的电流方向,就会改变指针偏转的方向,所以在电动系功率表的电流线圈和电压线圈上总是各有一个端钮被标以特殊的符号(例如"﹡"或"±"号),有符号的端钮称为电源端钮。

当将功率表接入电路时,电流线圈的"﹡"端应接在电源侧,另一端接负载侧;电压线圈的"﹡"端应与电流线圈的"﹡"端接在一起。如图6.5.3所示。

在功率表电源端正确连接情况下,若功率表不正向偏转,则可改变功率表中电流线圈的电流方向,并将读数取为负值。为了改变一个线圈中电流的方向,有些功率表上备有转换开关。

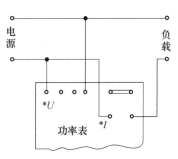

图 6.5.3 功率表的接线

**4. 低功率因数功率表**

由于功率表串联线圈会在电路中造成电压降,并联线圈要由电路供给电流。这两个支路中的功率损耗表现在指针偏转上,因而造成读数中的误差,不过这项功率损耗并不大,只有几瓦。在测量大功率时,可以忽略,不致引起显著误差。若所测的功率不大,在数量级上与仪表损耗相近,那就不得不加以考虑。而当负载功率因数较低的情况下,功率表的指针偏转不大,此时就要考虑这项损耗造成的误差。低功率因数表是专门用以测量低功率因数负载功率的仪表,由于功率因数低,测量的功率较小,为了补偿上述仪表损耗造成的误差,常采用补偿装置,以抵消仪表中功率损耗所产生的转矩。这样功率表所指示的功率值中不再包括仪表中的功率损耗。

低功率因数表的表盘上标有 $\cos\Phi=0.1$ 或 $\cos\Phi=0.2$,这种功率表的量程为:

量程＝电压×电流×0.1(或 0.2)

低功率因数表不宜用来测量大功率。

# 6.6 机电式电测量仪表的选用

综合比较各类常用机电式电测量仪表的特点与应用范围,以便读者能根据工程测量或科学实验的需要选用合适的仪表。

## 6.6.1 磁电系仪表

磁电系仪表有较高的灵敏度和准确度,一般为 0.5～1.0 级,已能做成 0.1～0.05 级;刻度均匀便于读数;防外磁场能力强;它既可做成配电盘式,又可做成便携式仪表。测量直流电压、电流的直读式仪表几乎都是此种类型的仪表。使用时要注意正、负极性,不得接反。这种类型的仪表不能直接用来测量交流电量。

磁电系仪表的缺点是过载能力较差、结构较复杂。

## 6.6.2 电磁系仪表

电磁系仪表的优点是结构简单、过载能力强,一般只用于工频(50 Hz)正弦交流电压、电流的测量,仪表示值为被测量的有效值。可做成配电盘式和便携式仪表。

电磁系仪表的缺点是准确度和灵敏度都低,一般为 0.5～2.5 级,最高可达 0.2～0.1级。仪表消耗功率较大,且刻度不均匀。当用此类仪表测较高频率的交流电量时,由于铁片中涡流和线圈电抗随频率变化使测量误差增大,所以此类仪表一般只用于工频正弦交流电的测量。

## 6.6.3 电动系仪表

与电磁系仪表相比,电动系仪表准确度高,一般为 0.5～1.0 级,可做成高达 0.1～0.05 级。所以,一般用它作为交流标准表和实验室电表。与电磁系仪表比较,其工作频率范围较宽,它主要用于工频测量,有的也可测量 2 500 Hz 以下的交流电量。

用于测量交流电压、电流时,直接指示被测量的有效值。常用此类型仪表制成功率表,用于测量交、直流功率及相位、频率等电量。而且电动系功率表为均匀刻度。

电动系仪表的缺点是结构复杂、过载能力差、灵敏度较低、用作电压或电流表时刻度不均匀。所以较少用它做成配电盘式电压表和电流表。

## 6.6.4 整流系仪表

整流系仪表是由半导体整流元件构成的整流电路和磁电系表头组成。被测交流电经整流电路变换成脉动直流去驱动磁电系表头,表头指针按被测交流电平均值偏转,示值为被测正弦交流电的有效值。用于测量非正弦有效值时,要考虑波形误差。整流系仪表多用于构成万用表的交流测量挡。由于此类仪表的电抗不大,故工作频率范围较宽,一般为 $45\sim1\,000$ Hz,有的可以达 $5\,000$ Hz 以上。与其他类型机电式仪表比较,整流系仪表除有工作频率范围较宽的优点外,它本身消耗功率也较小。但此类仪表准确度较低,一般为 $0.5\sim2.5$ 级。

### 6.6.5 如何选择仪表

为了完成某项测量任务,必须在明确要求的情况下,考虑具体的测量条件,合理选择测量方式和方法、测量线路和测量仪表。一般应根据以下情况合理选择仪表。

**1. 根据被测量的性质选择仪表**

根据被测量是直流还是交流选用直流或交流仪表。测量交流时应明确被测量是正弦波还是非正弦波,若被测量为正弦波,应根据测量的要求采用相应的仪表。若要求测量有效值,则可用电磁系或电动系电压表(或电流表)测量;平均值应用整流系仪表测量;要求测量瞬时值时,一般用示波器观测;若测量最大值还可用峰值表。

测量交流电量时,应注意到所用仪表的工作频率范围是否合适。

**2. 根据对测量结果准确度的要求,合理选择仪表的准确度等级**

选用仪表时要根据实际要求选用合适准确度等级的仪表,以保证测量结果的误差被限制在允许的范围以内。

通常准确度为 $0.1\sim0.2$ 级的仪表用于标准表或作精密测量;$0.5\sim1.5$ 级的仪表用于实验室一般测量;$1.0\sim5.0$ 级的仪表用于一般工程测量。

**3. 根据被测量的大小选用仪表相应量程**

在选定某准确度等级的仪表时,要同时根据被测量的大小选用合适量程的仪表,以充分发挥仪表准确度的作用,从而得到准确度较高的结果。避免用大量程测量小电量。

**4. 根据测量线路及测量对象阻抗大小选择合适内阻的仪表**

应尽可能减少由仪表本身消耗功率对被测电路工作状态的影响,从而提高测量结果的准确度。

电压表的内阻越大(如磁电系电压表通常为 $2\,\text{k}\Omega/\text{V}$,有的高达 $100\,\text{k}\Omega/\text{V}$,其灵敏度就越高,对测量结果的影响就越小。电流表内阻越小,其灵敏度就越高,对测量结果的影响就越小。

**5. 根据仪表的使用条件选择**

选择仪表时,还应充分考虑仪表的工作环境,根据具体使用条件,选择合适的仪表,以减少仪表在超出正常的工作条件下使用而产生附加误差。

在选用仪表时,必须综合考虑以上各种因素,不能片面追求某一指标(如准确度或灵敏度等),要以降低成本的角度考虑,用一般仪表能达到测量要求的,就不用准确度高的仪表来测量。要充分利用现有仪器设备,节约开支。

# 第7章 常用电子仪器及其使用方法

由于测量范围日益扩大，一般的电工仪表已不能满足测量的需要。随着电子技术的发展，电子设备及测量仪器在电测量领域得到了广泛的应用。电子测量仪器具有准确度高、量程广、频带宽、速度快，并可做成多功能，可进行远距离测量等特点。电子仪器是指由电子器件（电子管、晶体管、集成电路等）组成的仪器。

## 7.1 直流稳压电源

直流稳压电源是实验、生产、科研中不可缺少的提供工作电压的一种电子仪器。它是由电源变压器、整流器、滤波器、稳压电路4部分组成。如MCH-300系列就是一种较为典型的多路输出的稳压、稳流电源。直流稳压电源的工作原理如图7.1.1所示。

图7.1.1 直流稳压电源原理框图

### 7.1.1 整流滤波电路

常见的整流滤波电路有：半波整流电容滤波电路、全波整流电容滤波电路、桥式整流电容滤波电路。有效值为220 V，频率为50 Hz，电源电压通过变压器变换成幅值能被整流滤波电路接受的交流电压。作为整流滤波电路的输入，经整流将交流电压变成直流脉动电压，再经滤波电路使直流脉动电压平滑，电压波纹小。

### 7.1.2 直流稳压电路

作为稳压电源的输入电压通常是不稳定的，其数值会随着市电电网电压的数值波动而变化。要保持电源电压在±10％范围内波动，或是负载变化时保持输出电压在一定范围内，这就需要稳压电路。最常见的稳压电路有晶体管稳压电路和集成稳压电路。直流稳压电源能输出数值稳定不变的电压，它在提供功率输出时，可看成是一个理想的电压源，其内阻接近于零。

一般稳压电源都装有过流自动保护装置，当输出电流超过额定电流时，保护电路启动，输出电压为零。这时应切断稳压电流的交流电源，以免损坏仪器内部元件，在故障排除后,才能恢复正常使用。

### 7.1.3 MCH-300系列高精度直流稳压电源

MCH-300系列直流稳压电源有3路输出,其中2路输出可调,稳压与稳流可自动转换,另一路输出电压为固定的5 V。

**1. 面板功能键说明**

MCH-300系列直流稳压电源面板如图7.1.2所示。

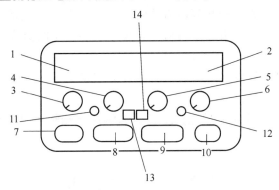

1——电流指示(Ⅰ路电流、电压指示); 2——电压指示(Ⅱ路电流、电压指示);
3——稳流电流微调(Ⅰ路电流调节); 4——稳流电流粗调(Ⅱ路电压调节);
5——输出电压微调(Ⅰ路电流调节); 6——输出电压粗调(Ⅱ路电压调节);
7——电源开关(电源开关); 8——Ⅰ路输出端;
9——电源输出端(Ⅱ路输出端); 10——＋5 V固定输出端;
11——限流指示灯 Ⅰ路限流、稳压指示; 12——稳压指示灯 Ⅱ路限流、稳压指示;
13、14——串、并联转换开关和跟踪调节开关 (视用户是否使用此功能决定)

图7.1.2 MCH-300系列直流稳压电源面板

**2. 主要技术指标**

主要技术指标如表7.1.1所示。

表7.1.1 主要技术指标表

| 型号<br>参数 | MCH-3010D | MCH-3020D | MCH-3050D | MCH-3030D | MCH-3030D-Ⅱ | MCH-3050D-Ⅱ | MCH-3010D-Ⅱ |
|---|---|---|---|---|---|---|---|
| 输出电压范围 | 0～30 V | 0～30 V | 0～30 V | 0～30 V | 双路 0～30 V | 双路 0～30 V | 双路 0～30 V |
| 输出电流范围 | 单路 0～10 A | 单路 0～20 A | 单路 0～5 A | 单路 0～3 A | 双路 0～3 A | 双路 0～5 A | 双路 0～10 A |
| 电压、电流显示 | 数字显示 | 数字显示 | 数字显示 | 数字显示 | 数字显示 | 数字显示 | 数字显示 |
| 显示精度 | LED±1‰±1字 | LED±1‰±1字 | LED±1‰±1字 | LED±1‰±1字 | LED±1‰±1字 | LED±1‰±1字 | LED±1‰±1字 |

**3. 使用方法**

(1) 二路可调电源独立使用。

将二路电源独立、串联,并联键"13"和"14"均在弹起位置(无一按下)为二路可调电源独立使用状态。输出电压由 0～30 V 连续可调,两路独立输出。

(2) 串联、并联、跟踪功能使用方法。

"13"或"14"任意键按下,电压同步跟踪输出,由电位器"6"控制。当"13"和"14"键同时按下时,"8"与"9"端电压会增加一倍,其功能只可单独使用,否则会损坏仪器。当"13"键按下时,可获"+"电源使用或双倍电压使用,此功能只能作为单独 1 路使用。

**4. 使用注意事项**

(1) 在接通交流电源前应将"电压粗调"旋到所需的电压挡位置,"电压微调"旋在最小位置。合上电源后,再调节电压到所需数值。

(2) 二路电源串联时,应用适当粗细的导线分别将主路电源输出与从路电源输出正端连接。

(3) 二路电源并联时,应用适当粗细的导线分别将主、从电源的输出正端与正端、负端与负端相连接。

(4) 使用完毕,需关闭电源开关。注意不可将输出端短路,以免再开机后不慎损坏仪器。

## 7.2 交流毫伏表

电磁系交流电压表一般用于测量工频(50 Hz)正弦交流电压有效值,但不能用于测量音频(20 Hz～1 MHz)电压。因为电磁系交流电压表的固定线圈的分布电容太大,电表的电阻又低,如果用来测量音频电压,接入被测电路后,将严重影响电路的工作状态,造成测量误差。而交流毫伏表是用来测量音频交流电压不可缺少的电子仪表。这种仪表具有输入阻抗高、频率范围宽、测量范围广、灵敏度高等优点。这些优点是由它本身的结构所决定,是其他普通电工仪表无法相比的。

### 7.2.1 交流毫伏表结构、原理

国产 LM2172 交流毫伏表的原理框图如图 7.2.1 所示,它由阻抗变换器、可变量程分压器、宽频带放大器、均值检波器、磁电系测量机构及调零电位器等 6 部分组成。

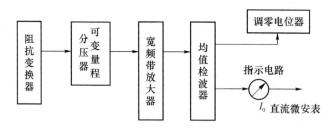

图 7.2.1 交流毫伏表的原理框图

电压表的特点是由结构所决定的。其特点是：放大-检波式电压表是先将被测交流信号电压 $U_X$ 经放大器放大后加到检波器输入端，检波器再把放大后的被测交流信号转换成相应大小的直流电压（平均位电压），去驱动指示电路（直流微安表）做出相应偏转的指示。

检波器采用全波整流电路。整流电路输出的直流电流或电压与输入电压的平均值成正比的检波器，称为均值检波器。均值检波器具有电路简单、灵敏度高和波形失真小等优点。

可变量程分压器用以扩展测量电压范围。阻抗变换器采用场效应管组成，从而获得高输入阻抗。当接入被测电路时，从被测电路取用的功率很小，因此对被测电路的工作状态影响小。

放大器一般采用多级宽频放大电路，故被测交流电压可测频率范围比普通仪表要大得多。

### 7.2.2 面板功能键说明

LM1602型交流毫伏表是一种磁电式表头、指针式仪表。面板功能键说明如图7.2.2所示。

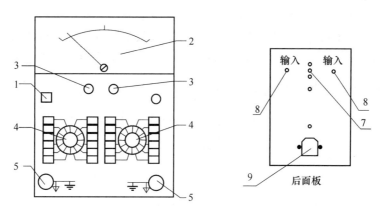

图 7.2.2 交流毫伏表面板图

### 7.2.3 使用方法

（1）仪表应垂直放置在工作台上，在未接通电源前，检查电表指针是否在零位。如有偏差，可借助表头的机械零位调整旋钮调整至零位，仪器的接地应良好。

（2）接通电源，预热数分钟，等电表指针摆动数次后，将输入端短路。一般在所选用的量程挡上调节调整旋钮，使电表指针指零后再进行测量。

（3）选择量程：根据被测信号的大小选择合适的量程。一般在不知被测电压数值的情况下，可选用大量程进行测量，然后再逐步减小量程，达到最佳的测量效果。

(4)读数:根据量程选择旋钮所处的量程位置,读到对应刻度线的指示位即为被测量程。

(5)使用完毕,量程选择置于最大处,关闭电源。

### 7.2.4 注意事项

(1)测量交流电压范围不得超过 100 μV~300 V,该表示值为正弦交流电压有效值。若用于测量非正弦交流电压,会有很大的误差,测量结果无效。

(2)该仪表接通电源而尚未使用时,量程选择旋钮应置于高量程位置。这是因为该仪表的输入阻抗高达 10 MΩ,极易受到干扰。此干扰幅度足以使在使用低量程时打断表针,所以测量完毕,一定要将旋钮置于高量程。

## 7.3 信号发生器

在电路测试实验中,经常要用到各种频率、波形、幅值的信号源。能提供各种已知的频率、波形、幅值等特性信号的电子仪器,称为信号发生器。信号发生器用途广泛、种类型号繁多、性能各异、分类方法也不一致。本节主要讲述实验室中常用的函数发生器,该仪器是实验室中用得比较多的一种信号源仪器。它是多用途的信号发生器,能产生正弦波、矩形脉冲波、尖脉冲锯齿波、三角波等多种信号。函数信号发生器的频率覆盖范围很宽,从百分之一赫兹的超低频到几十兆赫兹的高频信号都有,而且频率与幅值都可调节。

### 7.3.1 信号发生器的结构及原理

各种信号发生器产生的方法及功能各不相同,但其结构基本相同,可用图 7.3.1 描述。

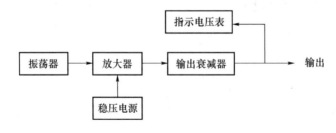

图 7.3.1 信号发生器结构框图

振荡器:是信号发生器的核心部分,由它产生不同频率、不同波形的信号。

变换器:是电压放大器、功率放大器、调制器或整形器。一般振荡器输出的信号较微弱,需在该部分加以放大。其他如调幅、调频信号也须在这部分由调制信号对载频加以调制。而函数发生器、振荡器输出的是三角波,再由整形电路整形成方波或正弦波。

输出衰减器:其基本功能是调节和测读输出信号的电平和输出阻抗。

指示器:是用来监视输出信号,可以是电子电压表、功率计、频率计和数码管等。使用时可通过指示器来调整输出信号的频率、幅度及其他特性,通常情况下,指示器接于衰减器之前。由于指示仪表本身准确率不高,其指示值仅供参考。

电源:提供信号发生器各部分的工作电源电压,通常是将 50 Hz 的交流电整流成直流,同时具有良好的稳压功能。

### 7.3.2 信号发生器的面板功能键及使用方法

如上所述,信号发生器的种类繁多,无论所用信号发生器是属于什么类型、规格,使用前必须熟悉仪器面板各旋钮及开关的作用,下面以 LM1600 函数信号发生器为例来说明。

LM1600 系列函数信号发生器是一种精密信号源,仪器外形新颖、操作方便,具有数字频率计、计数器及电压显示和功率输出等功能,同时各端口还具有自动保护功能。广泛运用于数学、电子实验、科研开发、电子仪测量等领域。

**1. LM1602 函数发生器面板**

LM1602 函数发生器面板如图 7.3.2 所示。

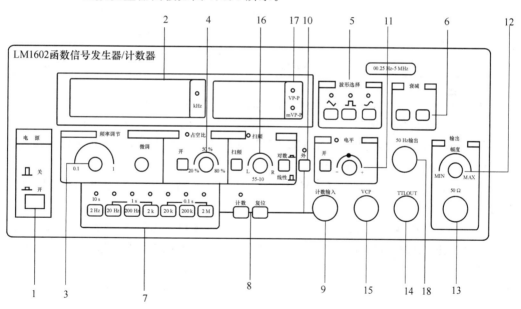

图 7.3.2 LM1602 函数发生器面板

① 电源开关(POWER):将电源开关键弹出即为"关"位置,将电源线接入,按电源开关,以接通电源。

② LED 显示窗口:此窗口指示输入信号的频率,当"外测"开关按下,显示外测信号

的频率。

③ 频率调节旋钮(FREQUENCY):调节此旋钮改变输出信号频率,顺时针旋转,频率增大,逆时针旋转,频率减小,微调旋钮可以微调频率。

④ 占空比(DUTY):包括占空比开关和占空比调节旋钮。将占空比开关按下,占空比指示灯亮,调节占空比旋钮,可改变波形的占空比。

⑤ 波形选择开关(WAVE FORM):按对应波形的某一键,可选择需要的波形。

⑥ 衰减开关(ATTE):电压输出衰减开关,二挡开关组合为 20 dB,40 dB,60 dB。

⑦ 频率选择开关(并兼频率计闸门开关):根据所需要的频率,按其中一键。

⑧ 计数、复位开关:按计数键,LED 显示开始计数,按复位键,LED 显示全为 0。

⑨ 计数/频率端口(COUNTER):计数、外测频率输入端口。

**2. 使用方法**

信号发生器大都是与示波器配套使用,首先将函数信号发生器的电压输出插座与示波器 Y 轴输入插座相连,用示波器观测函数发生器产生的波形。

打开电源开关之前,首先检查输入的电压,将电源线插入后面板的电源插孔,如表 7.3.1 所示设定各个控制键。

表 7.3.1 各主要控制键

| 电源开关 | 电源开关弹出 | 电平 | 电平开关弹出 |
|---|---|---|---|
| 衰减开关 | 弹出 | 扫频 | 扫频开关弹出 |
| 计数/频率端口 | 外测频开关弹出 | 占空比 | 占空比开关弹出 |

所有控制键如上设定后,打开电源。函数信号发生器默认 10 k 挡正弦波,LED 显示窗口显示本机输出信号频率。

将电压输出信号由幅度(VOLTAGE OUT)端口通过连接线送入示波器 Y 输入端口。

(1) 三角波、方波、正弦波产生

将波形选择开关(WAVE FORM)分别按正弦波、方波、三角波。此时示波器屏幕上将分别显示正弦波、方波、三角波。

改变频率选择开关,示波器显示的波形以及 LED 窗口显示的频率将发生明显变化。

幅度旋钮(AMPLITUDE)顺时针旋转至最大,示波器显示的波形幅度将$\geq 20\ V_{P-P}$。

将电平开关按下,顺时针旋转电平旋钮至最大,示波器波形向上移动,逆时针旋转,示波器波形向下移动,最大变化量±10 V 以上。注意:信号超过±10 V 或±5 V(50 Ω)时被限幅。

按下衰减开关,输出波形将被衰减。

(2) 计数、复位

按复位键,LED 显示全为 0。

按计数键,计数/频率输入端输入信号时,LED 显示开始计数。

(3) 斜波产生

波形开关置三角波。

占空比开关按下指示灯亮。

调节占空比旋钮,三角波将变成斜波。

(4) 外测频率

按下外测开关,外测频率指示灯亮。

将外测信号由计数/频率输入端输入。

选择适当的频率范围,由高量程向低量程选择有效数,确保测量精度(注意:当有溢出指示时,请提高一挡量程)。

(5) TTL 输出

TTL/CMOS 端口接示波器 Y 轴输入端(DC 输入)。

示波器将显示方波或脉冲波,该输出端可作 TTL/CMOS 数字电路实验时钟信号源。

(6) 扫频(SCAN)

按下扫频开关,此时幅度输出端口输出的信号为扫频信号。

线性/对数开关,在扫频状态下弹出时为线性扫频,按下时为对数扫频。

调节扫频旋钮,可改变扫频速率,顺时针调节,增大扫频速率,逆时针调节,减慢扫频速率。

(7) 压控调频(VCF)

由 VCF 输入端口输入 0~5 V 的调制信号。此时,幅度输出端口输出为压控信号。

(8) 调频(FM)

由 FM 输入端口输入电压为 10 Hz~20 kHz 的调制信号,此时幅度端口输出为调频信号。

(9) 50 Hz 正弦波

由交流 OUTPUT 输出端口输出 50 Hz 约 2 $V_{P-P}$ 的正弦波。

(10) 功率输出

按下功率按键,上方左侧指示灯亮,功率输出端口有信号输出,改变幅度电位器输出幅度随之改变,当输出过载时,右侧指示灯亮。

## 7.4 示 波 器

### 7.4.1 示波器操作说明

(1) 示波器是一种综合性的电信号特性测试仪,用它可以直接显示电信号的波形,测量其幅值、频率以及同频率两信号的相位差等。电路实验中,这种基本电子测量仪器会多次用到。通过电路实验,要求能够大致了解示波器的原理,熟悉示波器的面板开关和旋钮的作用,初步学会示波器的一般使用方法。

(2) 信号发生器是产生各种时变信号电源的设备总称,常用的有正弦信号发生器、方波信号发生器、脉冲信号发生器等。输出信号的频率(周期)和输出幅值一般可以通过开关和旋钮加以调节。

(3) 示波器的结构较为复杂,面板上的开关和旋钮较多,作为电路实验的仪器,信号发生器又是初次接触,因此,为了顺利地进行实验,要在课前预习"示波器原理及基本测量方法"和"信号发生器的一些基本介绍"的基础上,再仔细听取教师针对具体仪器进行的讲解和演示,然后再动手操作。

### 7.4.2 示波器概述

示波器(又称阴极射线示波器)可以用来观察和测量随时间变化的电信号图形,它是进行电信号特性测试的常用电子仪器。由于示波器能够直接显示被测信号的波形,测量功能全面,加之具有灵敏度高、输入阻抗大和过载能力强等一系列特点,所以在近代科学领域中得到了极其广泛的应用。

示波器的种类很多,电路实验中常用的有普通示波器、双踪示波器、长余辉示波器等,它们的基本工作原理是相似的。

### 7.4.3 示波器的结构

普通示波器主要由示波管、垂直(Y轴)放大器、扫描(锯齿波)信号发生器、水平(X轴)放大器以及电源等部分组成,其结构方框图如图7.4.1所示。

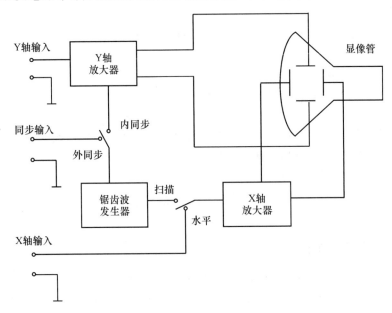

图 7.4.1 示波器结构框图

(1) 示波管是示波器的核心部件,它主要包括电子枪、偏转板和荧光显示几个部分,如图 7.4.2 所示。

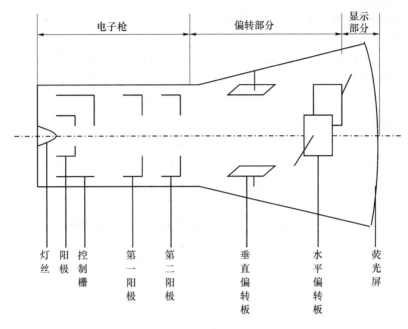

图 7.4.2 示波管结构图

示波管的阴极被灯丝加热时发射出大量电子,电子穿过控制栅后,被第一阳极和第二阳极加速和聚焦,即电子枪的作用是产生一束极细的高速电子射线。由于两极平行的偏转板上加有随时间变化的电压,高速电子射线经过偏转板时就会在电场力的作用下发生偏移,偏移距离与偏转板上所加的电压成正比。最后电子射线高速撞在涂有荧光剂的屏面上,发出可见的光点(图形)。

(2) 垂直放大器把被测信号电压放大到足够的幅度,然后加在示波器的垂直偏转板上。这部分还带有衰减器以调节垂直幅度,确保显现图形的垂直幅度适当或进行定量测量,这部分称为 Y 通道。

(3) 扫描信号发生器产生一个与时间成线性增加的周期性锯齿波电压(又称扫描电压),经过水平放大器放大以后,再加到示波管水平偏转板上,水平放大器还带有衰减器。这部分称为 X 通道扫描时基部分。

(4) 电源部分向示波管和其他元件提供所需的各组高低压电源,以保证示波器各部分的正常工作。

## 7.4.4 示波器面板上各旋钮或开关的作用

示波器种类不同,总体上可把旋钮开关分为主机、Y 通道、扫描部分和 X 通道 4 部分。现以深圳美创 V-252/V 双踪示波器为例作简要介绍,V-5040/V-552/V-5060 前面板如图 7.4.3 所示。

**1. 主机部分**

(1)[电源/亮度]开关:接通电源(拉出)时,指示灯亮。调节该旋钮可以控制荧光屏上显示波形的亮度。

(2)[聚焦]旋钮:调节荧光屏上亮点的大小即图形的清晰度。

(3)[辅助聚焦]旋钮:作用与聚焦旋钮相同,通常二者配合调节。

(4)[标尺亮度]旋钮:调节荧光屏坐标照明的亮度。

**2. Y 通道**

(1)[Y 轴位移]旋钮:控制荧光屏上图形的垂直方向位置。

(2)[灵敏度 V/cm]开关:可步级调节 Y 轴幅度,以便定量计算幅值。

(3)[AC-DC]开关:选择 Y 轴放大器的交流或直流工作状态。

**3. 扫描部分**

(1)[扫描范围]开关:步级调节(粗调)扫描频率,即[t/cm]开关,以便定量计算周期。

(2)[扫描微调]旋钮:微调各扫描档的扫描频率。

(3)[触发选择]开关:锯齿波发生器触发信号的来源可选自 Y 轴内部、X 外接输入信号。

(4)[触发及选择]开关:触发点选择在信号的上升斜率段或下降斜率段,即"+""-"极性。

(5)[触发电平]旋钮:和触发极性选择开关一起决定了屏幕上图形的起始点。

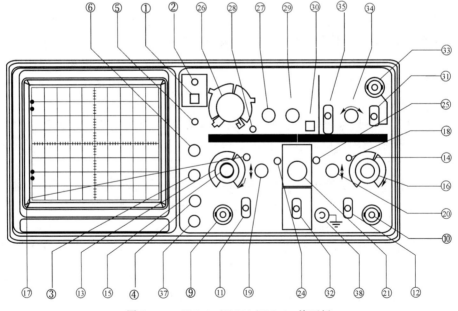

图 7.4.3　V-5040/V-552/V-5060 前面板

### 4. 深圳美创 V-252/V 双踪示波器面板图说明

(1) 电源开关：接通电源(按下)时，指示灯亮，按出关断电源。

(2) 电源指示灯：打开电源后，指示灯亮。

(3) 聚焦旋钮开关：调节荧光屏上亮点的大小即图形的清晰度，与亮度开关配合使用，尽量调细波形线。

(4) 标尺亮度旋钮：调节荧光屏坐标照明的亮度。

(5) 光迹偏转：使屏幕尽可能水平。

(6) 亮度控制：顺时针旋转加亮亮度，逆时针旋转转暗亮度。

(7) 保险丝(后板，如图 7.4.4 所示)

(8) AC 输入端(后板，如图 7.4.4 所示)

(9) 通道 1 输入：BNC 头的方式输入当在 X-Y 方式操作时，用作 X 轴。

(10) 通道 1 输入：BNC 头的方式输入当在 X-Y 方式操作时，用作 Y 轴。

(11)(12) 输入耦合开关(AC-地-DC)：[AC]输入信号 AC 能通过，DC 被阻挡；[地]信号接地；[DC]AC，DC 信号均能通过。

(13)(14) 电压/每格选择

(15)(16) 垂直轴：放大×5 倍开关。

(17)(18) X 轴校正灯：灯亮时，X 轴没有校正好。

(19)(20) X 轴移动

(21) 方式选择

  CH1 方式：看通道 1 的波形。

  CH2 方式：看通道 2 的波形。

  ALT 方式：通道 1 和通道 2 的波形能同时稳定地在屏幕上观察到。

  CHOP：低于 250 kHz 的波形，通道 1 和通道 2 的波形能稳定地观察到。

  ADD：CH1 和 CH2 的波形叠加。

(22) CH1 输出接口：输出一个与 CH1 相同的信号。

(24)(25) DC、BAL：均为调整控制键，ATT 为平衡调整。

(26) 时间/每格选择开关：扫描时间范围 19 步从 0.2 微秒/格到 0.2 秒/格，X-Y 方式，X 指水平轴，Y 指垂直轴，最大频宽 500 kHz。

(27) 扫描时基微调。

(28) 扫描 UNCAL 灯灯亮表示 SWPVAR 没有进行校正。

(29) 时基×10 开关。

(30) CH1 ALTMAG。

(31) 触发源选择开关。

(32) INT 触发选择开关。

(33) 触发输入连接接口。

(34) 触发幅度控制。

(35) 触发方式选择。
(36) 外消隐连接口。
(37) 0.5 V 校正源。
(38) 接地端子。

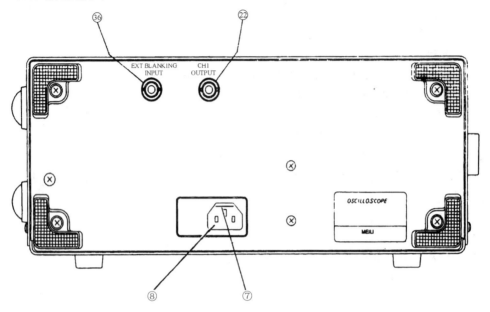

图 7.4.4　V-5040/V-552/V-5060 后面板

### 7.4.5　示波器的基本测量方法

**1. 幅度：电压、电流的测定方法**

(1) 读取电压幅值时，只需将被测信号所占坐标的格数(cm)乘以[V/cm]开关所指的刻度再乘以探头的衰减倍数即可。例如，荧光屏上波形如图 7.4.5 所示，正弦电压峰-峰值占有 5 个格子，[V/cm]开关指向 0.5 V，探头衰减倍数为 10，则：

$$U_{P-P} = 5.0\ cm \times 0.5\ V/cm \times 10 = 25\ V$$

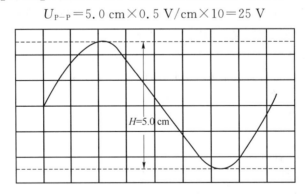

图 7.4.5　波形示例

（2）测量电流一般用电阻取样法将电流信号转换为电压信号后,再进行测量。如图 7.4.6 所示,若要测量 $Z$ 支路电流,先串接一个取样电阻 $R$。

$$U_R = Ri, i = \frac{U_R}{R}$$

通常取 $R \ll Z$。

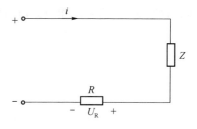

图 7.4.6 电阻取样法电路图

**2. 频率（周期）的测量方法**

用示波器测量频率（周期）的方法基本上可分为两大类,一类是利用扫描工作方式,另一类是用示波器的 X-Y 工作方式。

（1）用示波器的扫描工作方式测量信号的频率（周期）,实质上是确定锯齿波的周期（时间）坐标后（称为定时标）,再与被测信号的周期进行比较测量。

将被测信号 X 轴的一个周期所占的格子数（cm）乘以（cm）开关所指示的刻度即可测出周期。仍以图 7.4.5 为例,正弦信号一个周期在水平方向占 8.2 个格子,[t/cm]开关指向 5 ms,则

$$T = 8.2 \text{ cm} \times 5 \text{ ms/cm} = 41 \text{ ms}$$

所以正弦信号的周期为 41 ms,即频率为 24.4 Hz。

（2）利用示波器的 X-Y 工作方式。此时,锯齿波信号被切断,X 轴输入已知频率的信号,经放大后加水平偏转板,Y 轴输入待测频率的信号,经放大后加至垂直偏转板,荧光屏上显现的是 $u_X$ 和 $u_Y$ 的合成图形,即李沙育图形。从李沙育图形的形状可以判定被测信号 $u_Y$ 的频率,当李沙育图形稳定后,设荧光屏水平方向与图形的切线交点为 $N_X$,垂直方向与图形的切线交点为 $N_Y$,则已知频率 $f_X$ 与待测频率 $f_Y$ 有如下关系：

$$\frac{f_Y}{f_X} = \frac{N_X}{N_Y}, f_Y = \frac{N_X}{N_Y} f_X$$

图 7.4.7 表示了几种常见的李沙育图形及对应的频率比。

| 频率比 $f_Y:f_X$ | 1:2 | 1:3 | 3:1 |
|---|---|---|---|
| 李沙育图形 |  ∞ | 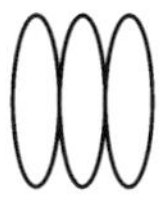 ∞∞ | 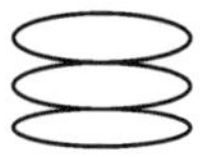 ⊂⊃ |

图 7.4.7 常见李沙育图形

**3. 同频率两信号相位差角的测量方法**

采用双踪示波器,$Y_1$、$Y_2$ 两通道输入待测相位差的同频率两信号,若测得信号周期

所占格数为 $A$，信号的相位差所占的格数为 $B$（如图 7.4.8 所示），则相位差角：

$$\varphi = \frac{B}{A} \times 360°$$

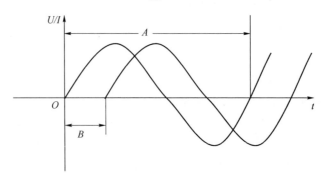

图 7.4.8 波形示例

**4. 示波器水平工作方式**

示波器水平工作方式（又称 X-Y 工作方式），除了可用来显示李沙育图形外，还可以用来显示元件的特性曲线以及状态轨迹等。

### 7.4.6 使用注意事项

（1）示波器接通电源后须预热数分钟后再开始使用。
（2）使用过程中应避免频繁开关电源，以免损坏示波器。
（3）荧光屏上所显示的亮点或波形的亮度要适当，光点不要长时间停留在一点上。
（4）示波器的地端应与被测信号的地端接在一起。
（5）示波器的 X 轴输入与 Y 轴输入的地端是连通的，若同时使用 X、Y 两路输入时，注意共地。

# 第8章 安全用电

电是国民经济安全生产的动力,关乎人民群众的生命财产安全,关系到改革及发展和社会稳定的大局。安全用电已纳入了法制的轨道。每一个人、每一个单位、每一个企业、每一个用户都有安全用电的义务。安全用电包括:供电设备、输送电设备及人身安全。因此,必须学习基本的安全用电知识并从思想上给予重视,以防止触电及设备事故的发生,减少不必要的人身伤亡和国家财产的损失。

## 8.1 用电环境的安全知识

### 8.1.1 安全用电

**1. 常见的触电方式**

常见的触电方式主要有单线(相)触电和双线(相)触电两种;一般人在生活和工作中使用的都是380/220 V的星接三相四线制电源。如果一手触及一根带电的火线(裸线或绝缘损坏),那就是单线触电如图8.1.1(a)所示,因为人站在地上时,电流将从火线经人手进入人体,再从脚经大地和电源接地电极回到电源中点,这时人体承受相应电压。如果双手分别触及两根不同相的带电火线,那就是双线触电,如图8.1.1(b)所示。电流将从一根火线经人手进入人体,再经另一只手回到另一根火线,这时人体承受相应电压。

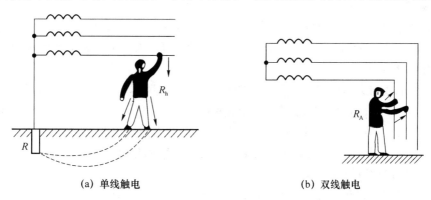

(a) 单线触电          (b) 双线触电

图8.1.1 单线与双线触电

按照欧姆定律,流过人体电流的大小和人体的电阻 $R_h$ 成反比,$R_h$ 由体内电阻和皮肤电阻组成,以后者为主,变化范围很大。在皮肤干燥时,可达数千欧姆,在皮肤湿润(出汗或环境潮湿)时,$R_h$ 只有一千欧姆左右,而且随所加电压的增大和持续时间的增加而减小。因此,单线触电时,在湿脚着地的恶劣条件下,人体电流大于:$I_A = U_p/R_h = 220 \text{ V}/1\ 000\ \Omega = 0.22 \text{ A}$。此时大大超过危险电流值(0.05 A)。如果地面干燥,所穿鞋袜有一定的绝缘作用,危险性可能减小,但有人因此对单线触电麻痹大意则是绝对错误的,事实上,触电死亡事故中,大部分是单线触电。在必须不停电进行接线和维修工作时,只有在人体和地面之间采取可靠的绝缘措施,如穿绝缘鞋或站在绝缘垫上,才可以触及一根火线。

**2. 安全电压**

在劳动保护措施中规定有安全电压,它是以人体允许电流与人体电阻的乘积为依据,我国采用 36 V 和 12 V。凡手提照明灯、机床上照明灯、危险环境的局部照明、携带式电动工具等,如无特殊安全结构,其安全电压应采用 36 V。凡活动困难、周围有大面积接地导体环境(如金属容器内、矿井内)的手提照明灯,其安全电压应采用 12 V。

### 8.1.2 保护接地和保护接零

为了防止电器设备外壳因为内部绝缘损坏而意外带电,避免造成触电事故,可以采取保护性的接地和接零措施。

接地就是把电器设备的接地点通过接地线和接地电极(又称接地装置)同大地连接起来,各种接地装置所用材料(一般为各种钢材)、尺寸、埋设深度及接地电阻(指接地装置向四周土壤流散电流的电阻与接地线电阻之和)电工手册上有具体规定。前面讲的三相四线制星形接线(通常是供电变压器)的中点接地是工作接地,其作用是限制各相线对地电压不超过 250 V,并且在变压器绝缘损坏时,减轻高压窜入供电线路的危险。

**1. 保护接地**

保护接地用于中点 $N$ 没有工作接地的三相三线制供电线路(矿井中采用),它是将用电设备本来不带电的机壳等金属部分与接地装置连接起来,如图 8.1.2 所示,接地电阻 $R_e$ 按规定不大于 4 $\Omega$。

由于供电线与大地间存在着绝缘电阻(图 8.1.2 中用 $r_A = r_B = r_C = r$ 表示)对地电容(对于 380 V 低电压线路可不考虑),在未装保护接地时,它们构成星接对称负载电路(只是 $r$ 阻值很大,一般为几十万欧姆),作为其中点 $N'$ 的大地的电位 $U_{N'}$ 应和电源中点电位 $U_N$ 相等,正常情况下,每根供电线对地电压仍为 220 V 的相电压 $U_{ph}$。

(1) 无保护接地情况

电动机未装有保护接地时(图 8.1.2 中若未接 $R_e$),如果用电设备绝缘损坏使机壳和供电线 A 相连,机壳将带电,对地电压也为 $U_{ph}$,即 $U_{AN'} = U_{ph}$,此时人若接触机壳,就必然有电流经过人体到地,并经线路与大地之间的绝缘电阻(分布电容)构成回路,危险!当遇雨天时,$r$ 会变得很小,$I_h$ 就会上升,危险性也会增大。

(2) 有保护性接地情况

机壳有保护性接地后,在绝缘破坏时,接地电阻 $R_e$ 和 $r_A$ 是并联关系,A 相等效负载电阻 $r_A // R_e \approx R_e \approx 4\ \Omega$,其值远小于 $r_B$、$r_C$,使 A 线和漏电机壳的电位 $U_A$ 以及作为负载中点的大地的电位 $U_{N'}$ 非常接近,即 $U_{AN'}$ 数值

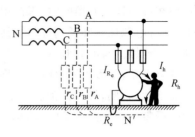

图 8.1.2 保护接地

很小,消除了触电的危险。可见有了保护接地后,漏电机壳对地电压很微小,通过人体的电流也很小,从而保护了人体安全。

**2. 保护接零**

用于电源中点 N 有工作接地的三相四线制供电线路中,它是将用电设备本来不带电的机壳等金属部分与供电线路的零线(中线)连接起来,如图 8.1.3 所示。当绝缘破坏,一相供电线和机壳相连时,就会发生一相电路短路,短路电流 $I_k$ 将熔断器中的熔丝迅速熔断,使故障点脱离电源,消除了触电的危险。

必须注意,在三相四线制供电线路中只能采用接零保护,不允许用电设备采用接地保护。否则如图 8.1.4 所示,当该设备绝缘损坏使供电线和机壳相连时,流入保护接地电极的电流 $I_{Re}$,经电源工作接地电极流回电源中点,其值为:$I_{Re} = U_p/(R_e + R_N)$ 它若不足以(很可能!)熔断熔丝,故障将长期存在,该设备对地电压 $U_e$ 和零线对地电压 $U_N$ 将分别为:$U_e = R_e I_{Re} [I_{Re} = U_p/(R_e + R_N)]$;$U_N = R_N I_{Re}$ 而且 $U_e + U_N = 220\ \text{V}$ 当 $U_e = U_N$,便有 $U_e = 110\ \text{V}$。则该设备和其他所有接零线的设备的外壳可能带有高于 36 V 的危险电压。

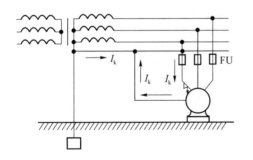

图 8.1.3 机壳有保护接零时一相电源触壳情况

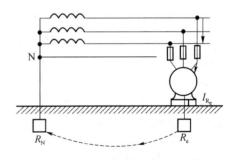

图 8.1.4 四线制供电线路中有保护时一相电源触壳情况

目前,属于单相负载的家用电器应用日益广泛,为了安全,凡有金属外壳的(如电冰箱、洗衣机等),也应该采取保护接零,如图 8.1.4 所示。供连接单相负载的三相四线制电路中,零线的干线不接开关和熔断器,单对各单相负载用户供电的零线支线(称工作零线)

也像相线一样接有熔断器,因此保护接零应像图示接在和零线干线直接相连的保护零线上,所有电源插座和插销应是三线的,且有标记特征的插孔和插销,便于供保护零线同电器外壳连接。有的时候,用户住房中只有两孔电源插座,那就应将与电器外壳相连的插销片悬空不接,千万不可以将它和准备接电源工作零线的插销片连接起来使用,如图 8.1.5 虚线所示,否则,万一插销插反了或工作零线上的熔断器熔断了,电器外壳将同相线相连,使外壳带电,对地有 220 V 的相电压,反而可能引起触电事故,十分危险。

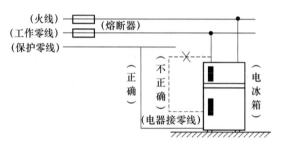

图 8.1.5　单相家用电器的保护接零

## 8.2　静　电　保　护

工农业生产中产生静电的情况很多,例如:皮带运输机运行时,皮带与皮带轮摩擦起电;物料粉碎、碾压、搅拌、挤出等加工过程中的摩擦起电;在金属管道中输送液体或用气流输送粉体物料等都可能产生静电。带静电的物体按照静电感应原理还可以对附近的导体在近端感应出异性电荷、而在远端产生同性电荷,并能在导体表面曲率较大的部分发生尖端放电。

静电的危害主要是由于静电放电引起周围易燃易爆的液体、气体或粉尘起火乃至爆炸;还可能使人遭受电击,一般情况下,限制静电能量,虽然不至于死亡,但可能引起跌倒等二次伤害。

消除静电的基本方法是接地,把物料加工、储存和运输等设备及管道的金属体统统用导线连接起来并接地,接地电阻阻值不要求像供电线路中保护接地那么小,但要牢靠,并可与其他的接地采用池漏法和静电法使静电消散或消除。

### 8.2.1　触电急救

万一发生触电事故,必须进行急救,首要措施是迅速切断电源开关或用绝缘器具(干燥木棒、干绳或干布等)使触电者脱离电源,同时要防止碰伤或摔伤。

如果触电者呼吸和心脏跳动停止,往往只是"假死"状态,必须毫不迟疑地用人工呼吸和心脏按摩进行抢救,并急速请医生前来急救。

### 8.2.2 防火与防爆

电器设备的绝缘材料（包括绝缘油）多数是可燃物质。由于材料老化，渗入杂质因而失去绝缘性能时可引起火花、电弧；或由于过载、短路的保护电器失灵使电器设备过热；或绝缘导线端螺丝松了，使接触电阻增大而过热等，都可能使绝缘材料燃烧起来并波及周围可燃物而酿成火灾。电烙铁、电炉等电热器使用不当、用完忘记断电也容易引起火灾。应严格遵守安全操作规程，经常检查电器设备运行情况（特别要注意升温和异味），定期检修，防止此类事故。

空气中所含可燃固体粉尘（煤粉、鞭炮火药粉）和可燃气体达到一定程度时，遇有电火花、电弧或其他明火就会发生爆炸燃烧。在这类场合应选用防爆型的开关、变压器、电动机等电器设备，因为这类设备装有坚固特殊的外壳，使电器设备中电火花或电弧的作用不波及设备之外，具体规定，可以查阅电工手册。

## 8.3 电流对人体的作用和伤害程度

### 8.3.1 电击与电伤

当人身接触了电器设备的带电（或漏电）部分，使身体承受电压，从而使人体内部流过电流，这种情况称为电击，主要是电流伤害神经系统使心脏和呼吸功能受到障碍，极易导致死亡；只是皮肤表面被电弧烧伤时称为电伤，烧伤面积过大也可能有生命危险。

### 8.3.2 触电对人体伤害的因素

电流对人体伤害的严重程度和电流的种类、电流的大小、持续时间、电流经过身体的途径等因素有关。

(1) 电流的种类。工频交流电的危险性大于直流电，因为交流电主要是麻痹破坏神经系统，往往难以自主摆脱，高频（2 000 Hz 以上）交流电由于趋肤效应，危险性减小。

(2) 电流的大小。流过人体的工频电流在 0.5～5 mA 时，就有痛感，但尚可忍受和自主摆脱；电流大于 5 mA 后，将发生痉挛，难以忍受。

(3) 电压的高低。人体触电的电压越高越危险。当人体接近高压时，也因会有感应电流，可能造成危险。

(4) 触电时间的长短。电流达到 50 mA（0.05 A）持续数秒到数分钟，将引起昏迷和心室颤动，就有生命危险。

(5) 电流流经人体的途径。电流最忌通过心脏和中枢神经，因此从手到手，从手到脚都是危险的电流途径，从脚到脚危险性最小，当然电流通过头部会损伤人脑而导致死亡，但通过四肢触电的机会更多些。

（6）人体状况。妇女、儿童、老人及体弱者触电造成的危险比健康的青壮年男人更为严重。

## 复习思考题

1. 为什么说 380 V/220 V 交流电是正弦波？
2. 为什么要保护接地？保护接零？具体如何实施？
3. 为什么三相插座中工作零线端不能与保护零线端短接起来？
4. 低压自动空气开关的开与关是如何工作的？

# 参 考 文 献

1. 杨烨成.电路测试基础.北京:中国铁道出版社,1998
2. 王港元.电工电子实践指导.江西:江西科学技术出版社,2003
3. 舒洪.电工技术与电子技术实验指南.江西:江西科学技术出版社,1999
4. 陈同占.电路基础实验.北京:清华大学出版社,2003